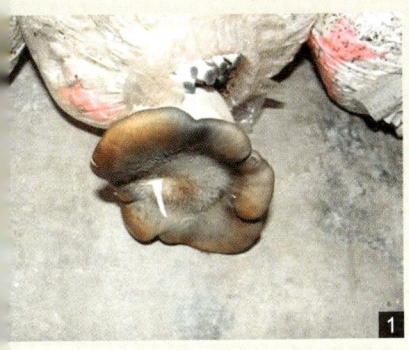

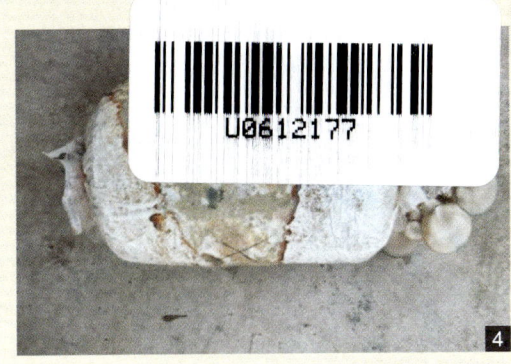

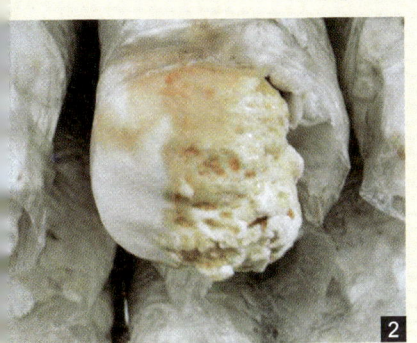

U0612177

彩图2-1 黑色平菇感染黄斑病

彩图2-2 细菌性腐烂病造成杏鲍菇幼菇腐烂

彩图2-3 杏鲍菇感染细菌性腐烂病

4. 彩图2-4 细菌污染平菇菌包

5. 彩图2-5 黏菌侵染茶树菇

6. 彩图2-6 黏菌侵染覆土灵芝

1. 彩图 3-1 病毒侵染紫灵芝菌丝
2. 彩图 3-2 病毒侵染紫灵芝
3. 彩图 3-3 枝霉菌侵染金福菇
4. 彩图 3-4 枝霉菌侵染草菇菇床
5. 彩图 3-5 线虫取食后的排泄物
6. 彩图 3-6 线虫危害草菇子实体

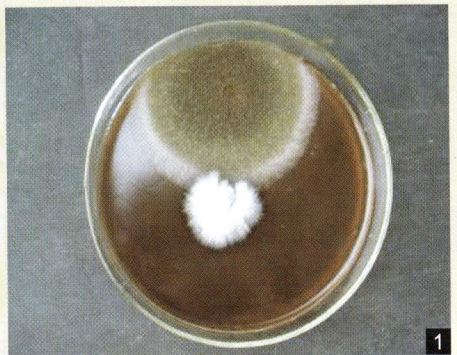

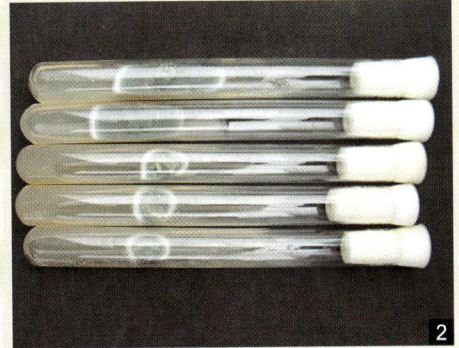

1. 彩图 4-1 木霉侵染培养皿菌种
2. 彩图 4-2 木霉侵染试管种
3. 彩图 4-3 木霉侵染菌种
4. 彩图 4-4 木霉侵染原种
5. 彩图 4-5 木霉侵染灵芝菌包
6. 彩图 4-6 木霉侵染灵芝

1. 彩图 5-1 根霉侵染菌种
2. 彩图 5-2 曲霉侵染菌种
3. 彩图 5-3 曲霉侵染草菇菇床

4. 彩图 5-4 链孢霉侵染中药渣
5. 彩图 5-5 链孢霉侵染甘蔗渣
6. 彩图 5-6 链孢霉侵染白雪菇菌包

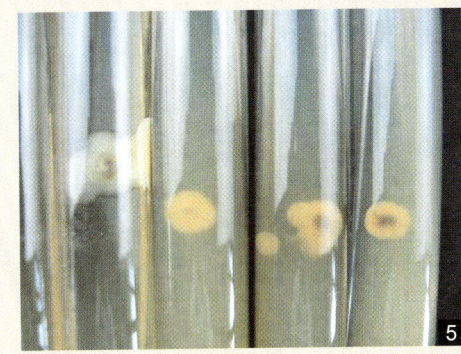

1. 彩图 6-1　褐色石膏霉侵染草菇菇床
2. 彩图 6-2　胡桃肉状菌侵染草菇菇床
3. 彩图 6-3　毛头鬼伞侵染草菇菇床
4. 彩图 6-4　墨汁鬼伞侵染草菇菇床
5. 彩图 6-5　细菌污染试管母种
6. 彩图 6-6　细菌污染麦粒培养基

1. 彩图 7-1 白色石膏霉菌侵染草菇菇床

2. 彩图 7-2 白色石膏霉菌侵染覆土灵芝

3. 彩图 7-3 平菇缺氧症状

4. 彩图 7-4 杏鲍菇缺氧症状

5. 彩图 7-5 草菇缺氧形成肚脐菇

6. 彩图 7-6 猴头菇缺氧致畸

1. 彩图 8-1 平菇出菇期遇高温且光照不足
2. 彩图 8-2 灵芝出芝期温度低、湿度低、氧气不足
3. 彩图 8-3 草菇菌丝徒长
4. 彩图 8-4 平菇袋内菇
5. 彩图 8-5 菇房空气相对湿度低导致草菇幼菇萎缩
6. 彩图 8-6 菇房空气相对湿度低导致榆黄蘑幼菇干枯

1. 彩图 9-1 湿度大导致猴头菇子实体腐烂

2. 彩图 9-2 草菇子实体受药害致畸

3. 彩图 9-3 多菌蚊危害秀珍菇菌丝

4. 彩图 9-4 多菌蚊危害白雪菇子实体

5. 彩图 9-5 多菌蚊危害灵芝菌包

6. 彩图 9-6 食菌花蚤危害灵芝

食用菌
病虫害安全防治

SHIYONGJUN BINGCHONGHAI ANQUAN FANGZHI

肖自添　何焕清　主编

中国科学技术出版社
·北京·

图书在版编目（CIP）数据

食用菌病虫害安全防治 / 肖自添，何焕清主编 . —北京：
中国科学技术出版社，2017.8
ISBN 978-7-5046-7630-6

Ⅰ.①食… Ⅱ.①肖… ②何… Ⅲ.①食用菌—病虫害防治
Ⅳ.① S436.46

中国版本图书馆 CIP 数据核字（2017）第 188968 号

策划编辑	刘　聪　王绍昱	
责任编辑	刘　聪　王绍昱	
装帧设计	中文天地	
责任印制	徐　飞	

出　　版	中国科学技术出版社	
发　　行	中国科学技术出版社发行部	
地　　址	北京市海淀区中关村南大街16号	
邮　　编	100081	
发行电话	010-62173865	
传　　真	010-62173081	
网　　址	http://www.cspbooks.com.cn	

开　　本	889mm×1194mm　1/32	
字　　数	75千字	
印　　张	3.125	
彩　　页	8	
版　　次	2017年8月第1版	
印　　次	2017年8月第1次印刷	
印　　刷	北京威远印刷有限公司	
书　　号	ISBN 978-7-5046-7630-6 / S·669	
定　　价	19.00元	

（凡购买本社图书，如有缺页、倒页、脱页者，本社发行部负责调换）

本书编委会

主 编

肖自添　何焕清

编著者

肖自添　何焕清　徐　江　刘　明

.

$\mathcal{C}$ontents 目 录

第一章
概　述

一、食用菌病害

（一）概　念

食用菌在整个栽培过程中，其生长与发育的各个阶段，以及采收、加工和贮藏的各环节，由于遭受某种生物的侵染或某种不适宜的非生物环境因素的作用，致使其正常新陈代谢受到干扰和抑制，在生理、组织、形态上发生了一系列不正常的变化，生长发育受到严重不良影响，从而降低食用菌的产量和品质，这就是食用菌的病害。引起食用菌发病的最直接因素称为病原。病原一般分为两大类：侵染性病原和非侵染性病原。这两类病原引起的病害分别称为侵染性病害和非侵染性病害（也叫生理性病害）。

（二）病害类型

1. 侵染性病害　由于病原生物的侵染，造成食用菌生理代谢失调而发生的病害，叫侵染性病害或传染性病害。其病原是生物性的称病原菌。病原菌主要包括真菌、细菌、病毒、线虫等，具有传染性。被病原菌侵染的食用菌菌丝体或子实体称为寄主。侵染性病害的发生是由病原菌、寄主和环境条件决定的，侵染性病害的特点是病原菌直接从食用菌的菌丝体或子实体内吸收养分来壮大自身，致使食用菌的正常生理活动受阻，从而出现病状，使食用菌的品质和产量下降。常见的侵染性病害有湿腐病（疣孢霉）、褐斑病（锈斑病）、病毒病、线虫病及黏菌病等（表1-1），常见的竞争性真菌有木霉、毛霉、根霉、链孢霉、褐色石膏霉等（表1-2）。

表1-1　食用菌主要侵染性病害

病害名称	病　原	发病症状	危害对象	发生条件
黄斑病	假单胞杆菌 *Pseudomona agaric*	发病子实体呈水渍状，但不发黏，不腐烂，尤其是黑色平菇出现黄斑后色差明显	平菇	春、秋季温度变化幅度大时，容易发生黄斑病害
细菌性腐烂病	荧光假单胞杆菌 *Pseudomonas spp*	子实体成长期受到细菌侵染后，子实体呈水渍状，发黏，进而腐烂发臭	茶树菇、鸡腿菇、杏鲍菇、滑菇等	高温高湿和通气不良的生长环境下极易发生此病
褐腐病	有害疣孢霉 *Mycogon perniciosa*	发病初期，蘑菇的菌盖表面和菌柄出现白色棉毛状菌丝，此后，病菇呈水泡状，进而褐腐死亡。幼菇受害后常呈畸形，并伴有褐色液滴渗出，最后腐烂死亡	双孢蘑菇、草菇、香菇、平菇、灵芝、银耳等	菇房内通气不良、温度高（20～30℃）、湿度大时病菌极易爆发
细菌性斑点病	拖拉氏假单胞杆菌 *Pseudomonas tolaasii*	菌盖表面发生暗褐色小点或病斑。发病初期颜色较浅，逐渐发展成暗褐色病斑。严重的导致子实体畸形，产生褐色黏液并散发臭味	双孢蘑菇、金针菇、平菇等	当菇房内空气相对湿度超过90%，加上通气不良时易发生此病

续表 1-1

病害名称	病 原	发病症状	危害对象	发生条件
褐斑病（又称干泡病、轮枝霉病）	轮枝孢霉 *Verticillium fungicola*	在蘑菇未分化期染病，被害幼菇形成一团小的干硬球状物；子实体分化后染病，菌柄变粗、变褐，菌盖歪斜，病菇上着生一层灰白色病原菌菌丝；分化完全的子实体感病，菌盖顶部长出丘疹状的小凸起，或在菌盖表面上出现灰白色病斑	双孢蘑菇	发病的最适温度为 20℃
枝霉菌被病	葡萄枝孢霉 *Cladobotryum variospermun*	在床栽覆土的菇床面上，出现白色的气生状菌被，且生长旺盛，2～3 天内布满料面，受害料面不再有新菇长出。在有菇的病区内，病菌菌丝能侵染子实体的菌柄或菌盖，使子实体上长满白色的病菌菌丝。受害子实体菌柄呈水渍状软腐现象。严重时子实体倒伏腐烂	平菇、茶树菇	覆土栽培时，在温度 20～35℃、菇房相对湿度达到 90% 以上时容易发病
黏菌病	黏菌 *Myzomycetes*	发病初期在覆土层表面出现黏糊的网状菌丝，其菌丝会变形运动，发展迅速，在 1～2 天内蔓延成片，并爬向子实体。黏菌菌落颜色有白色、橘黄色和灰黑色等色彩。其性状有网络状、发网状等。子实体被害出现病斑、畸形、腐烂等症状	平菇、灵芝、茶树菇、毛木耳和长根菇、香菇等	当温度在 26～37℃、菇房空气相对湿度达 80% 以上、覆土积水的情况下容易发生此病

续表 1-1

病害名称	病　原	发病症状	危害对象	发生条件
病毒病	真菌病毒 Mycovirus	子实体小，有的畸形、菌盖小、菌柄细长、菌柄膨大或早开伞。在发病轻时无明显症状，但产量逐年下降	蘑菇、香菇、平菇、金针菇等	各种时期
线虫病	噬菌丝茎线虫 Ditylencyhus myceliophagus	主要取食菌丝，导致出菇产量显著下降	双孢蘑菇	18～26℃时线虫生长繁殖最快
	堆肥滑刃线虫 Aphelenchoides composticola	取食菌丝和子实体，出菇产量显著下降	双孢蘑菇	18～28℃时线虫生长繁殖最快
	小杆线虫（Pelodera spp.）	取食菌丝和子实体，引起子实体稀少、零散，菌丝萎缩或消失，局部菇蕾大量软腐死亡	双孢蘑菇、黑木耳、金针菇等	30℃左右线虫生长繁殖最快

（胡清秀，2008）

表 1-2　食用菌主要竞争性病害

杂　菌	发病症状	危害对象	发生季节
木霉（常见种类：绿色木霉 Trichoderma Viride Pers.，康氏木霉 T.kaningii Oudem）	培养基上呈浅绿、黄绿或绿色，是菌种、菌棒、菌床上最主要的杂菌	菌种、菌棒、菌床的培养基	适应性很强，各个季节易发生
曲霉（黄曲霉 Aspergillus flavus，黑曲霉 A.niger，灰绿曲霉 A.glaucus 等）	培养基上呈黄色、黑色、褐色、绿色绒状、絮状或厚毡状，有的略带皱纹	菌种、棉花塞、菌棒、菌床的培养基	适应性很强，高温高湿、不通气条件易发生
毛霉（主要是总状毛霉 Mucor racemosus）	初期白色，老熟后变为黄色、灰色或褐色	菌种、棉花塞、菌棒、菌床的培养基	适应性很强

续表1-2

杂 菌	发病症状	危害对象	发生季节
根霉 （黑根霉 Rhizopus stolonifer）	培养基感染部位初为灰白色或黄白色，再转变为黑色，到后期出现黑色颗粒状霉层。根霉菌丝据食用菌菌丝接触，在交接处形成明显拮抗线	菌种、棉花塞、菌棒、菌床的培养基	25～35℃是繁殖活跃期
链孢霉 （Neurospora sitophila）	试管口或菌袋袋口长出一团充满橘红色的孢子团。	菌种、棉花塞、菌棒、菌床的培养基	高温季节发病严重
总状炭角菌 （Xylaria pedunculata）	病床上病原子实体多丛生或簇生，分支柱状或稍偏，上部呈鹿角状、爪状或近似鸡冠状，以淡土黄色或黄褐色为主	鸡腿菇菌床最常见	20～35℃之间生长快速
胡桃肉状菌 （Diehliomyces microsporus）	表面形成白色块菌，块菌形成不规则的形似胡桃肉状的菌团。菌团颜色由白色逐渐转变为红褐色，散发出刺激性味道	双孢蘑菇、金针菇	喜高温高湿环境
褐色石膏霉 （又名黄丝葚霉 Papulaspora byssina）	发病初期覆土面上出现浓密的白色菌丝体，后逐渐变为褐色粉末，形成菌核	双孢蘑菇、草菇	高温高湿环境
鬼伞（毛头鬼伞 Coprinus comatus，长根鬼伞 C.macrorhizus，墨汁鬼伞 C.atrameatarius，粪鬼伞 C.sterquinus）	鬼伞子实体早期白色、个小，2天后倒伏变黑并液化	双孢蘑菇、草菇、鸡腿菇、大球盖菇、平菇等菌床	高温高湿环境

续表 1-2

杂 菌	发病症状	危害对象	发生季节
细菌（常见种类：芽孢杆菌属 *Bacillus*，假单胞杆菌属 *Pseudomonas*，黄单胞杆菌属 *Xanthomonas*，欧文氏杆菌属 *Erwinnia*）	造成培养料发黏、发臭，即使再经过灭菌后菌丝也难以萌发和吃料	各种食用菌	适应性很强

（胡清秀，2008）

2. 非侵染性病害 由于非生物因素（即非侵染性病原）的作用造成食用菌的生理代谢失调而发生的病害叫非侵染性病害，也叫生理性病害。生理性病害常引起接种失败，菌袋报废，无法出菇，子实体畸形、萎蔫或枯死等，在生产中经常导致巨大损失。生理性病害的发生原因可以归结为培养料不适宜及栽培环境不适宜两个方面。

（1）**培养料不适宜** 培养料配方不合理或栽培原料质量不达标，导致菌丝无法生长或菌丝十分稀疏，甚至菌丝凋亡，最终导致烂袋或烂棒的发生。例如，培养料含水量过高或过低，培养料的 pH 值过高或过低，代料栽培中阔叶树木屑原料混入了针叶树木屑，辅料使用了劣质麸皮或假石膏等。

（2）**栽培环境不适宜** 通风不良可致使栽培环境二氧化碳浓度过高，进一步导致子实体畸形，特别是灵芝、平菇、鸡腿菇、杏鲍菇等品种，对空气中的二氧化碳浓度十分敏感，子实体极易畸形。温度过高会导致菌丝发生烧菌现象而死亡，或菌丝抗杂菌能力下降，菌包或菌棒出现腐烂现象；高温也会引起幼蕾萎蔫枯死或子实体腐烂。湿度过大易使子实体发生侵染性病害。高温、高湿和通风不良是菇房中许多子实体病害暴发流行的重要因素。此外，农药、生长调节物质使用不当，光线过强或过弱都会导致生理性病害的发生。

这类病害不会传染，一旦环境改善，病害症状便不再继续，一般能恢复正常状态。

（三）病害的发生规律

不同类型病害的发生、发展与流行，往往表现出不同的规律性和特点，了解其规律和特点是制定防治措施的重要依据。

1. **侵染性病害的发生、发展与流行**　侵染性病害的发生、发展与流行是由病原、食用菌、环境条件3方面的因素决定的，这3个因素互相制约、互相依赖。具体地说，食用菌侵染性病害的流行，必须有大量的感病食用菌，大量致病力强的病原菌，有利于病害发生、发展的外界环境3个基本条件。侵染性病害的发生，首先要有病原菌来源，病原菌可通过病残体、覆土、水、昆虫、菌种、培养料、用具、空气等途径传播，在适宜的环境条件下，传播到菇体、培养料上引起侵染。在一个生产季节或周期中，病原菌第一次侵染称为初侵染，经过初侵染引起食用菌发病后，病原菌在食用菌体内外产生大量繁殖体，通过传播又可侵染更多的食用菌，这被称为再侵染。

食用菌生长发育所需要的环境条件，往往也适合病害的发生。在栽培食用菌的新区，由于栽培零星分布，数量不大，加上缺乏大量的致病病原菌，因而基本上不存在病害流行问题。但老栽培区尤其是栽培食用菌多年的地方，栽培量达到一定规模，病原菌积累、发展到一定的数量，满足了病害流行的3个条件，就极可能造成病害流行。

2. **非侵染性病害的发生与发展**　食用菌非侵染性病害的发生与发展，有一个从轻到重的过程。这类病害在发生初期，若环境条件发生了变化，即恢复为适合食用菌生长发育的状态，食用菌的有些症状还可恢复为正常状态。生理性病害的发生、发展速度和发病轻重，决定于不利环境因素作用的强弱和持续时间的长短，以及食用菌抗逆性的强弱。

二、食用菌虫害

食用菌在生长过程中会不断遭受某些动物的伤害和取食，如节肢动物、软体动物等。在这些动物中，通常以昆虫类发生量最大、危害最重，因而对食用菌有害的动物习惯上统称为害虫。有害动物还有螨类、线虫、蛞蝓等。由于害虫的作用，造成食用菌及其着生基物被损伤、破坏、取食的症状，叫作食用菌虫害。食用菌虫害的危害如下。

第一，取食食用菌菇蕾和子实体。如跳虫、蛞蝓等均直接取食、危害食用菌的子实体，伤口处形成缺刻或毁坏整个子实体，使其丧失商品价值。

第二，取食培养料并使其霉变。如粪蚊、菌蚊等幼虫，均能取食食用菌的培养料，导致培养料霉变，不利于食用菌培养。

第三，取食菌种及菌丝引起退菌。如害螨危害菌种并随菌种扩散而大面积发生，线虫取食菌丝使发菌失败等。

第四，携带传播病虫害。如菌蚊、果蝇等害虫，不仅直接危害食用菌，还是各种杂菌、害螨的传播载体。因此，在害虫大发生之后，随之将是病害的继发性流行，易给食用菌生产带来毁灭性损害。

第五，危害食用菌贮藏干制品，引起霉变、形变，失去商品价值。如欧洲谷蛾、印度谷螟等，都可危害香菇、木耳等干制品，造成严重的经济损失。

（一）常见虫害

1. 菇蚊、菇蝇类　这类害虫的成虫及卵并不能直接产生危害，主要是幼虫期以取食菌丝或子实体为生，包括菇蚊、平菇眼菌蚊、蘑菇眼菌蚊、多刺眼菌蚊、异型眼菌蚊、粪蝇、蚤蝇、果蝇等。主要见于采用发酵料的秋季食用菌栽培，成虫近料产卵并

孵化导致虫害发生。

上述害虫的成虫极具趋光性和趋味（菇香味、料香味、腐味）性。菇棚闭光处理时，发生概率较低，虫口密度大大下降。其幼虫初期均在表层料内活动，咬食菌丝，出菇后则可钻至菌柄基部，直至菌盖，待菇体"中空"后又回到料内，继续深入危害，直到将基料内菌丝全部蚕食干净。

2. 螨类　螨类主要以咬食菌丝危害，但当虫口密度较大时，同样能咬啮菇蕾及老熟子实体。螨虫主要品种有粉螨、蒲螨、穗螨等。螨虫个体极其微小，但该害虫有群居习性，成堆成团地活动于料表面及菇棚边角、地面，虫口密度很大时，料表呈白色（乌白色）或肉红色甚至红褐色。

螨类虫源渠道较多，成虫常寄居于菇棚或菇房内边角的缝隙、立柱缝隙及支架的竹木等裂缝中。此外，螨类还可通过各种生产工具进入生产场所，有时还可通过菌种（主要是三级种）相互传播。螨虫繁殖速度极快，在环境温度为 20～30℃条件下，其完成一代生育期仅需 8 天左右，个别种类甚至仅需 3 天即可完成一代。因螨虫种类的差异，有些螨虫也需经过卵、幼螨、若螨、成螨等生长发育阶段；但有的种类则只有卵和成螨之分，因为它们的卵可直接在母体内发育为成螨，然后破体而出。当生存条件不适，或无菌丝、菇可食时，螨虫可吸附于工具、人体甚至其他虫类活体上，借机转移至适宜场所，继续生存和繁殖扩大。因此，在防控螨虫的过程中，应重点关注阻断其可能的传播途径。

3. 跳虫　该虫多于夏、秋季节发生危害，15℃以上条件即可存活，气温达 22℃时渐趋活跃，并随之繁殖扩大。跳虫以菌丝体和子实体为危害对象，且潜伏在菌褶及细小缝隙中，使产品价值大打折扣甚至报废。跳虫种类较多，常见的主要有角跳虫、黑角跳虫、黑扁跳虫等。此外，跳虫的寿命相对较长，多数种类能存活半年左右，长的能达到 1 年。跳虫的主要特征是体形微小，一般在 1.5 毫米左右，最大者也在 5 毫米以下。菇棚内潮湿的环境、阴暗的光线、丰富的菌丝及蘑菇营养，为跳虫的繁衍生息提供了最佳的条件，因此危害性较大。

4. 线虫　线虫主要危害食用菌菌丝，有多个种类，主要有具口针的菌丝线虫、无口针的小杆线虫等。前者以口针插入菌丝体吸取菌丝液汁，使菌丝生长受阻、随后萎缩死亡，产生"退菌"现象；后者则用其头部快速搅动菌丝，使之成为极微细的菌丝碎片，然后吞食或吮吸，结果同样是使菌丝消失。线虫体型微小，一般在 1 毫米左右，但其繁殖速度很快，一般在 20～30℃条件下，交配后约 30 小时即可产卵，一条雌虫可产卵几十粒，高者可达 140 粒。卵发育到成虫只需十几天，25℃以上条件时仅需 8 天左右。线虫类害虫体表光滑，喜水渍环境或水分较大的生存条件，活动时似有一团水在移动，这是鉴别线虫的重要方法。

5. 其他类型　秋季生产还有其他害虫或小动物可形成一定程度的危害，如蜗牛、鼠妇、蝼蛄等。据统计，约有 17 个目的有害昆虫和动物能直接侵害食用菌的栽培基质、菌丝和子实体，食用菌主要虫害及其危害对象见表 1–3。

（二）虫害发生条件及特点

1. 营养丰富的栽培基质为病虫繁殖提供了良好食源　许多害虫和病菌都以腐熟的有机质为食源，如跳虫、螨虫、瘿蚊、线虫、白蚁和蚤蝇等害虫都喜食腐熟潮湿的有机质。经发酵熟化后用于栽培蘑菇、草菇和鸡腿菇的基质能散发出特有的气味，吸引害虫的成虫在料里产卵。在食源丰富的情况下，螨虫、瘿蚊能以母体繁殖方式在短时间内快速地增殖后代，往往在 30～40 天后暴发成灾。熟化的基质往往也是竞争性杂菌快速繁殖的"温床"，如木霉、根霉、链孢霉孢子落入富含麸皮、玉米粉、棉籽壳并经过灭菌熟化后的基质内能快速繁殖，而同时接种的食用菌菌丝的生长速度只有根霉生长速度的 1/30、木霉的 1/20。未经灭菌和熟

虫在食物、温度、湿度、光照等条件都较适宜时，它才能猖獗危害。

三、食用菌病虫害防治的基本原则

（一）预防为主，综合防治

在食用菌进入专业化、周年化、设施化、产业化栽培的今天，随着培养基质中速效性营养成分的增加及环境条件的改善，在产量、质量大幅度提高的同时，病虫害发生的数量和严重程度也在同步增加。在一些老产区、老菇房内病虫害严重，导致菌丝无法生长或无法出菇，甚至绝收，并由此污染整个环境，迫使停产。食用菌病虫害防治工作与农作物病虫害防治一样，也应贯彻"预防为主，综合防治"的植保方针。因为，食用菌生长发育所需要的环境条件，也非常适宜于食用菌病虫害的发生与发展。

病虫害一旦发生，其发展蔓延的速度往往是很快的，并难以控制。尤其是侵染性病害，其病原与食用菌一样同是微生物，防治工作就更加困难。如拌料时加入甲基硫菌灵和百菌清，在防止病原菌污染的同时也极易抑制生产菌丝的生长；多菌灵对灵芝、猴头菇、木耳类菌丝生长都有抑制作用；施用敌敌畏杀虫后会导致不出菇或产生畸形菇。因此，发生病虫害后即使能及时采取措施加以控制，也已不同程度地影响了食用菌的产量和品质，还多费工时，增加成本。所以，发病前采取各种措施，预防病虫害的发生，可以收到事半功倍的效果。此外，食用菌病虫害的防治措施都有其局限性，单独采取任何一种防治方法，均难以有效地解决病虫害危害问题，需要综合使用生物、物理和化学的方法，以期收到最好的防治效果。

（二）综合防治要点

危害食用菌的病虫害种类繁多，据初步统计，对菌丝和菇体造成直接侵害的病原菌有真菌、放线菌、细菌、病毒等100多个种类，非侵染性种类有10多种。在虫害方面有15个目的害虫能直接侵害食用菌的菌丝和子实体，种类多达46种以上。因此，在栽培过程中对食用菌病虫害的综合防控应注意以下几点。

第一，选用优良菌种。选用的菌种要求生活力强，菌丝生长健壮、种性纯正、不带杂质、无老化退化现象。

第二，选用优质、无霉变的栽培材料，并进行严格的灭菌、杀虫。

第三，搞好菇场的环境卫生。对菇场（菇房、菇棚等）及周围环境进行彻底的灭菌、杀虫，以杜绝虫源、菌源。

第四，科学管理，创造适宜的温湿度及通风条件，使环境利于食用菌的生长发育，而不利于病虫害的发生和蔓延。

第五，在栽培管理过程中，要经常认真检查，一旦发现病虫害，就应及时采取各种有效措施，防止病虫害蔓延。

第二章

食用菌病虫害综合防治

食用菌一旦发生病虫害，往往比较难处理，而且损失已经造成。因此，食用菌病虫害的综合防治更强调"预防为主，防重于治"的原则，并尽量采用农业防治措施，减少化学药剂的使用，以避免对食用菌产生药害和造成污染。食用菌病虫害防治措施很多，按其作用原理可分为物理防治、农业防治、生物防治和化学防治4大类。

一、物理防治

在食用菌病虫害防治上，物理防治措施应用最广泛，具体包括热力灭菌、辐射灭菌、过滤除菌、灯光诱杀、人工防治、阻隔法防治害虫等。

（一）热力灭菌

利用高温杀死微生物的方法，称为热力灭菌。热力灭菌简便易行，是最普遍采用的经济有效的方法。常用的有高压蒸汽灭菌法、常压蒸汽灭菌法、火焰灭菌法、干热灭菌法、巴氏消毒法等。

1. 高压蒸汽灭菌法 利用高温高压蒸汽进行灭菌的方法常用于食用菌菌种生产中对培养基的灭菌，它是食用菌生产过程中非常重要的一种灭菌方法。高压蒸汽灭菌可以杀死培养基、培养料中的一切生物，包括细菌的芽孢、真菌的孢子或休眠体等耐高温个体，也包括一些害虫的卵、幼虫、蛹等。这种灭菌方法可以保证食用菌能在其上单独生长但没有其他生物干扰，保持食用菌菌种的纯正。

使用高压蒸汽灭菌所采用的压力与灭菌时间，应根据具体情况而定。液体培养基灭菌时，一般采用0.15兆帕的压力、121℃的温度，灭菌30分钟；原种、栽培种等固体培养基灭菌时，通常采用0.15兆帕的压力、121℃的温度，灭菌3小时。

使用高压蒸汽灭菌，除注意安全外，还要特别注意两点：一是升压前必须把锅内冷气排尽，否则即使压力达到，而温度却达不到要求，易造成灭菌不彻底；二是灭菌完毕后，锅内压力要缓慢下降，以免器皿中的液体喷出，棉塞脱落，或塑料袋因内外压力差过大而被击破，造成污染而前功尽弃。

2. 常压蒸汽灭菌法 即采用自然压力的蒸汽进行灭菌的方法。目前，广泛应用于熟料栽培食用菌的培养料灭菌。一般是利用钢筋水泥或钢板加工成大型的灭菌灶，灶的大小不一，小的一次可给1 000多袋常规香菇袋（15厘米×55厘米）灭菌，大的可给近万袋的常规香菇袋灭菌。利用常压蒸汽灭菌时，灭菌物品在灭菌灶内不能排列过紧，要保证蒸汽在灶内的流通；同时，蒸汽达100℃后，应保持10小时以上。常压蒸汽灭菌最大的优点是容量大，结构简单，成本低，可自行建造。因此，该灭菌方法是目前广大农村袋栽香菇、银耳、平菇等普遍采用的灭菌法。其缺点是灭菌时间长，能量消耗大，易造成灭菌不彻底的现象。

3. 火焰灭菌法 通过火焰高温灼烧进行灭菌的方法。耐热的接种环、接种铲、接种针、接种枪、打孔器、镊子等接种用具，通过火焰灼烧可彻底灭菌。另外，接种时所用的菌种瓶、容器的口部须通过火焰燎烧，杀灭瓶口的杂菌，然后靠近火焰封住口。因为酒精灯火焰的外焰温度可达300℃，周围是无菌区，这

样接种就能保证气流中的杂菌不污染菌种。

4. 干热灭菌法　利用加热的高温空气进行灭菌的方法。使用的仪器是干燥箱。食用菌在菌种生产及实验中所用的玻璃器皿，大都用此方法灭菌。干燥箱干热灭菌，要求温度达到160℃，并保持2小时。干热灭菌的热空气温度不能超过170℃，否则包装物品的纸张等会被烤焦，甚至有燃烧的危险。培养料、纱布及其他有机营养物质不能进行干热灭菌。

5. 巴氏消毒法　培养料在60～70℃温度下经一定时间消毒，杀死有害微生物的方法。有些培养基的养分，在高温下会遭到破坏，用此法消毒，既可杀死致病微生物的营养体，又能使培养基的养分不致受到严重的破坏。例如，蘑菇、草菇培养料的后发酵，为了杀死有害于蘑菇、草菇的病虫杂菌就采用巴氏消毒法，通常采用60～62℃温度，消毒灭菌6～8小时。

（二）辐射灭菌

辐射是通过波动或粒子在空间高速运行而传播能量的物理现象，利用辐射产生的能量进行杀菌称为辐射灭菌。目前，辐射灭菌在食用菌生产中已有一定的利用。

1. 紫外线辐射　紫外线辐射是目前食用菌中应用得最广泛的一种辐射灭菌方法。紫外线的波长范围在136～3 900埃，其中波长为2 000～3 000埃的紫外线具有杀菌作用，尤以2 650～2 660埃波长的紫外线杀菌能力最强。食用菌生产的接种室、接种箱内会安装人工紫外线灯管，一般在接种前照射20～30分钟即可杀死空气中的细菌和一部分真菌。紫外线的穿透力很弱，几乎不能穿透固体物质，对液体的穿透力也很差，透明的玻璃和水都能滤去大量的紫外线。因此，紫外线仅适用于空气和物体表面的消毒。

2. 电离辐射　目前，已有依电离辐射原理研制的食用菌接种器，其原理是采用高压电晕放电，在机器的前方形成离子风，即负氧离子和一定量的臭氧等，在离子风带内，负氧离子以其亲和力进行消烟、除尘、杀菌，净化空气。离子风内的臭氧也具有杀菌作用。

3. 日光辐射 用阳光暴晒能起到消毒作用，这是人们所熟知的常识。日光是由多种光谱所组成的，其中的紫外线等具有杀菌作用，同时夏季暴晒产生的高温也具有杀菌作用。因此，棉籽壳等栽培料，摊在水泥地上用夏季的烈日晒 2～3 天，可晒死很多霉菌。蘑菇覆土在铺菇床前，也要晒几天，以杀灭土壤中的有害微生物。

（三）过滤除菌

用过滤方法除去液体或空气中的杂菌，称为过滤除菌。空气中的杂菌很少单独存在，往往附着于微尘、纤维、干燥的唾沫或其他颗粒上，滤除这些颗粒就能达到除去杂菌的目的。霉菌的孢子可以单独存在于空气中，其大小接近微尘，所以使用一般除尘装置即可达到滤菌的目的。

在培养食用菌液体种时，既要通气使液层内有足够的氧，又要绝对保证杂菌不得进入培养罐内，因此就得在罐口安装空气过滤装置，使空气经过灭菌的棉花（玻璃纤维或活性炭）得到净化，然后才进入培养液内。

食用菌接种用的超净工作台也是根据过滤除菌的原理制成的。经过超净工作台过滤的空气是无菌的，这种无菌的气流由工作台里面向外吹出，排走了工作台面附近的未过滤空气，从而创造一个无菌工作空间，在此空间内操作，就可避免杂菌污染了。例如，在双孢蘑菇栽培中，为了防止病毒和病菌孢子传入菇房，在菇房的窗口就必须安装空气过滤装置。

在食用菌研究中，如果采用的液体含有易被高温破坏的物质，不能用热力学的方法灭菌，就可用细菌不能通过的细菌过滤器过滤，以便得到无菌滤液。细菌过滤器的种类很多，用得比较

多的有蔡氏滤菌器（由石棉板制成）、白克非氏滤菌器（由硅藻土和石棉混合制成）、张伯伦氏滤菌器（由白陶土和硅砂混合制成）、玻璃滤菌器和新型的薄膜滤菌器等。

（四）光源诱杀

光源诱杀害虫是根据有些害虫具有趋光性这一特点，即在食用菌栽培场所设置光源，将害虫诱集到光源处，并在光源处设置捕杀器具，集中杀灭害虫的方法。目前，在食用菌害虫防治上应用的光源主要有黑光灯、普通电灯、荧光灯、振频灯、诱虫板等。

1. 灯光诱杀

（1）黑光灯诱杀　黑光灯是一种波长为3 650埃的紫外线灯。很多昆虫都喜欢趋向波长3 650~4 000埃的光波。由于它的波长正好与多种昆虫趋光的范围接近，所以能引诱大量的害虫趋向它，如在灯下放置一盆诱集液或装一个诱集瓶，从四面八方飞往灯下的害虫就会自投罗网，每隔一定时间更换诱集液，可消灭许多害虫。在栽培场地，每间中等大小的菇房装上1盏黑光灯，就可有效地诱杀菇蚊、菇蝇、蕈甲等多种害虫，甚至跳虫也会落网。

（2）普通电灯诱杀　它是以普通的电灯为光源，方法是在菇房内悬挂几盏灯泡，每盏灯泡下放一盆水，盆内滴几滴松节油或几滴杀虫剂，成虫见光后即飞到水盆上，嗅到松节油会晕倒落于水盆中溺死，此法易于推广，但诱虫效果不及黑光灯。

（3）高压静电灭虫灯诱杀　高压静电灭虫灯是用1只220伏的3瓦蓝色荧光灯作引诱光源，灯管外围设有约1 000伏的高压电网，当菇蚊、菇蝇等害虫受灯光诱来时即触电而死，使用时要防止人、畜碰到电网。

灯光诱杀法，无论使用什么灯光，都应简捷易行、安全可靠、节省费用，诱杀害虫种类也较多。但它只能诱杀成虫，同时也诱杀了许多益虫，对保护天敌不利。

2. 诱虫板诱杀　利用害虫成虫对颜色的趋光性敏感，制成黄、蓝等颜色黏虫板，添加昆虫信息素效果更佳。特定的颜色，特定昆虫信息素诱虫效果显著，可有效降低虫口密度，减少用药，解决农药残留问题。

3. 频振式杀虫灯诱杀　运用光、波、色、味四种诱杀方式杀灭害虫。近距离用光，远距离用波，加以黄色外壳和性信息气味，引诱害虫扑灯，外配以频振高压电网触杀。在杀虫灯下套一只袋子，内装少量挥发性农药，可对少量未击毙的害虫熏杀，从而达到杀灭成虫、降低产卵量、减少害虫基数的目的。

（五）人工防治

用人工捕捉害虫或用人工切除（或挖除）病斑或患病子实体，称为人工防治。人工防治是其他防治方法的重要辅助手段，在病虫害发生的初期，当病斑只局限在小范围内或害虫密度还很小的时候采用此方法可收到明显的防治效果。它的优点是不花其他费用，不污染环境，及时。但用人工的方法只能对付那些个体较大、行动迟缓的害虫，如蛞蝓等。用人工切除病斑，只能针对非气流传播的病害或传播速度较慢的病害，且要十分仔细，否则难以收到很好的效果。

（六）阻隔法防治

指在食用菌栽培场的周围或菇房的门窗上设置障碍，防止害虫迁入危害的方法。如在可能发生白蚁的香菇棚周围挖深50厘米的环形水沟，并在沟中放水，可防止白蚁迁入，效果较好。对菌种培养室、发菌室及出菇房等场所安装纱门纱窗，菇棚用防虫网等材料进行全封闭以防控虫害和鼠害等，具有良好的效果。

二、农业防治

任何生物的生长发育，都需要一定的环境条件，如温度、湿

度、水分、光照、酸碱度等，不同生物之间生长发育所要求的环境条件不相同。利用这一差别可在食用菌生产中积极创造有利于菌丝和子实体生长发育的环境条件，如最大限度地满足其营养、温度、湿度、水分、空气、光照、酸碱度等要求，促进食用菌健壮生长，同时尽可能创造不利于病虫生长发育的环境条件，抑制病虫生长。此外，还要利用抗病虫品种，采用科学的营养配方、科学的栽培管理措施来防治病虫害。

（一）选用抗病品种

选用生长速度快、生活力强、抗杂力强，特别是抗绿色木霉的食用菌品种。

（二）采用优质菌种

选用种性纯正、生活力强，不带病毒、杂菌和菌螨，无老化退化现象的适龄菌种。

（三）搞好环境卫生

接种室、培养室、出菇房要远离养鸡场、畜舍和饲料库。搞好日常的环境卫生，每潮菇采收后要及时清理菇床上的菇根、死菇和烂菇，让栽培垃圾和污染的菌袋远离生产环境，集中清除。一个栽培周期结束后，菇房内要彻底清扫，开窗通风干燥菇房，再进行药剂熏蒸消毒，减少下一茬栽培的杂菌基数。

（四）轮作或空茬

1. 食用菌与水稻轮作　水稻收割后，利用冬闲田在稻田搭小棚或竹中棚种一季食用菌，可减少病虫害发生，稻田良好的生态环境也有利于食用菌生长。

2. 食用菌与蔬菜轮作　利用蔬菜大棚，秋冬栽培食用菌，春夏种植蔬菜；或秋冬种植蔬菜，春夏栽培一季高温平菇、毛木

耳及草菇等。有条件的地区可以每年更换食用菌栽培场地。

不能实行轮作和更换场地的，每一季食用菌栽培结束后应空茬2个月以上，避免连作导致病虫害暴发流行。对发生较严重病虫害的栽培场所（菇房、棚等）要空茬半年以上，夏季时菇棚更应该利用高温消毒。病虫害很严重的菇房则要停产1年以上，彻底进行消毒处理，并考虑换其他菇种。

（五）合理布局

第一，考虑不同品种的生产栽培方式，如木腐菌（平菇、香菇、金针菇等）与草腐菌（双孢蘑菇、草菇和鸡腿菇等）的制种和栽培应分场进行。蘑菇、草菇的培养料在室外堆制发酵期间，料堆外围往往是病菌和蚊蝇大量繁殖的区域，若同一块场地同时还堆放平菇、香菇、金针菇等木腐菌的菌种和熟料菌袋，就极易受到污染。因此，不同栽培品种要注意分场地进行，避免在生产过程中交叉污染。

第二，对于有条件的地方要实行分段式（二段式）栽培，即菌丝培养期间置于专门的培养室或发菌室，子实体出菇应放置于专门的出菇房，两个阶段不要放在同一场地。若无太充裕的空间或场地，最好两个阶段的场地有一定的隔离空间，这样可以避免出菇房的害虫、杂菌等感染菌丝培养室，大大降低菌丝生长期的染菌风险。没有条件的，也要做到菌丝培养和出菇栽培分棚进行，不能放在同一个菇棚或菇房内。

第三，栽培棚的面积宜小不宜大，一个菇棚种一个品种，并且同期播种、同期出菇采收，以利于栽培管理，减少病虫危害和农药污染。

（六）优化栽培环境

采用适温播种并适当加大播种量，调节培养料适宜的含水量和酸碱度，利用现代工厂化设施或新型覆盖材料调节菌丝培养室

和出菇房的温度、湿度及通风等要素，创造适宜食用菌生长发育的生态环境，就能有效预防病虫害的发生和杂菌污染，做到不用或少用农药。

（七）严格按照无菌操作程序

在食用菌的菌种生产及栽培袋制作等过程中，从培养基灭菌到接种和菌丝的培养，都要严格执行无菌操作规程，培养出高纯度的食用菌菌种和熟料栽培的菌丝，这是获得食用菌栽培成功、减少用药的最关键技术。

三、生物防治

生物防治是利用生物和生物代谢产物防治病虫害的方法。常用的有益生物包括微生物中的一些放线菌、真菌、细菌和黏菌，以及动物中的一些昆虫、线虫、螨类等。对害虫、害菌的作用方式有寄生、拮抗、抑制、占领、诱发、捕食等。目前，在食用菌病虫害防治上，生物防治技术的应用还较少。生物防治的优点是对人、畜和食用菌都很安全，对防治对象选择性很强，不会伤害其他生物，不污染环境，可以避免因长期施用农药所带来的副作用；能较长时间地抑制病虫，不产生抗性。它的缺点是见效较慢，如果在病虫大发生造成灾害时应用，起不到立即控制其危害的作用。生物防治，各地都在进行实验、总结经验。其主要途径有以下几方面。

（一）以虫治虫

一是利用自然界存在的一些天敌昆虫，如寄生蜂、寄生蝇等，加以人为保护、人工助迁和人工繁殖后适时释放，以消灭食用菌害虫。但由于目前对高效的天敌种类调查和筛选及相关的工作做得还不够，故应用得很少。二是利用寄生线虫治虫。昆虫寄

生性线虫是普遍存在的。线虫的寄生可使寄主昆虫衰弱、绝育和死亡。据报道，澳大利亚已研究出了离体大量生产小杆线虫，用于防治蘑菇上的眼蕈蚊、瘿蚊，取得了较好的效果。

（二）以菌治虫

利用害虫的病原菌侵染害虫，使其发病死亡。目前，国内已将一些害虫的病原菌以农药的方式生产，制成细菌农药、真菌农药等，如细菌农药有苏云金杆菌、青虫菌等，真菌农药有白僵菌、绿僵菌等。

（三）以菌治菌

利用有益微生物或其代谢产物来防治食用菌病害。例如，将"增产菌"喷洒在食用菌子实体上，可提高食用菌的抗病性和促进生长；喷施 15% 或 20% 硫酸链霉素可湿性粉剂可防治革兰氏阳性细菌引起的病害；喷施 40% 或 50% 二氯异氰尿酸钠可溶性粉剂对根霉菌、青霉菌有很好的抑制作用。

（四）采用微生物农药、植物抑霉剂和植物性农药

如新型微生物农药苏云金杆菌、苦参碱，杀虫谱广，杀虫效率高，不伤害菌丝，对人、畜、菌丝、子实体安全，目前已得到市场认可。用中药材紫苏、菊科植物除虫菊、菜籽饼、茶籽饼等均可制成植物性农药杀虫、治螨等。

四、化学防治

化学防治即应用化学药物抑制或杀死病原菌和害虫的方法，如菇房的熏蒸处理等。防治食用菌病虫害的药物，按常规的应用范围可归于两类：一类是医药卫生上应用的消毒剂（表 2-1）；另一类是化学农药。

表 2-1　常用消毒剂的使用方法

消毒剂	用　途	用量和使用方法	注意事项
酒　精	手及器皿表面消毒	70%～75%	易燃，注意按实验室操作方法使用
新洁尔灭	皮肤和器皿表面消毒	0.25%水溶液	无刺激、无腐蚀作用，易于保存
必洁仕	器皿表面和空间消毒	接种箱消毒：1片A剂＋3毫升B剂，熏蒸；空间消毒：1片A剂＋5毫升B剂，熏蒸	无毒，操作安全
石　灰	环境消毒	2%～3%水溶液	有刺激和腐蚀作用，注意皮肤和眼睛的防护
高锰酸钾	空间消毒、用具表面消毒	空间消毒：(5克高锰酸钾＋30毫升甲醛＋15毫升水)/米^3；用具表面消毒：0.1%～0.2%水溶液	有毒性，且有一定腐蚀性，注意皮肤和眼睛的防护，随用随配
苯扎溴铵	环境或用具消毒	环境消毒：0.1%溶液；器具消毒：0.5%溶液浸泡	毒性低，对皮肤和组织无刺激，忌与肥皂、盐类或其他洗涤剂同时使用
甲　醛	空间消毒	(5克高锰酸钾＋30毫升甲醛＋15毫升水)/米^3	易燃，具强腐蚀性、强刺激性，易溶于水，注意皮肤和眼睛的防护
硫　磺	空间消毒	15～20克/米^{3}燃烧熏蒸	对人、畜低毒，但其熏蒸后产生的二氧化硫对人体有剧毒，避免吸入；消毒空间时先喷水预湿，金属用具易锈蚀，应防护
来苏儿	手及器皿表面消毒；消毒空间喷雾	接种工具消毒：3%～5%水溶液浸泡；手和皮肤消毒：1%～2%水溶液；地面消毒：2.5%溶液	对皮肤和黏膜有腐蚀作用，需稀释后用
升　汞	子实体或器皿表面消毒	0.1%～0.2%水溶液	配制时用浓盐酸溶解后用水稀释，剧毒，注意安全

续表 2-1

消毒剂	用　途	用量和使用方法	注意事项
苯酚	空间和表面消毒	3%～5% 水溶液喷洒	对皮肤有腐蚀作用
过氧乙酸	手和器械表面消毒，空间消毒	表面消毒：0.2%～0.5% 的水溶液浸洗，空间消毒：先用 0.5% 水溶液喷雾增湿，再用 1 克/米³ 浓度熏蒸	对皮肤、眼睛等有刺激作用，防止药液溅到。勿与碱性药品混合，其他注意事项详见产品说明书

在食用菌生产中，一般不提倡使用化学农药来防治病虫害。一是由于食用菌是微生物，而食用菌病原病害也都是由致病微生物引起的，使用农药很难做到杀死有害微生物而对食用菌无害，容易使食用菌产生药害。二是食用菌栽培周期短，特别是许多病虫害是发生在子实体形成期，施用农药后极易残留在子实体内，影响食用者身体健康。然而化学防治与其他防治手段比较起来，它见效快，使用方便，操作简便，易被群众所接受，能在病虫害大发生后尽快地将其控制下去，并能大面积使用，这是其他方法所不及的。必须使用农药时，应注意以下几点。

第一，应选用高效、低毒、低残留农药，优选粉剂、烟剂、水剂，尽可能少用乳化剂，禁止使用高毒、高残留农药。

第二，长菇时不得使用化学农药防治病虫害，要待每批菇、耳采收结束后才能施用。残效期长、不易分解及有刺激性气味的农药不能直接用于菌袋、菌床、段木上。

第三，掌握适当的药液浓度，以免造成药害，影响食用菌生长。

第四，尽量选用高效、低毒、残效期短、对人畜和食用菌无害的农药，如苏云金杆菌等。

第五，用药时要根据病害发生情况，尽量局部施用、少量施用，防止农药污染扩大。

第六，使用农药时要注意某些食用菌对某些农药的敏感性。如毛木耳、黑木耳、白木耳、猴头菇对多菌灵极敏感，这些菌类不宜使用多菌灵；硫磺极易使香菇菌丝受害，香菇生产中不可使用硫磺。

在食用菌生产中登记农药的防治对象及使用方法详见表2-2。对于购买的农药是否符合国家要求可上中国农药信息网站查询，网址：http:// www.chinapesticide.gov.cn/。

《中华人民共和国食品安全法》第四十九条规定：禁止将剧毒、高毒农药用于蔬菜、瓜果、菌类、茶叶和中草药材等国家规定的农作物；第一百二十三条规定：违法使用剧毒、高毒农药的，除依照有关法律、法规规定给予处罚外，可以由公安机关依照规定给予拘留。国家明令禁止和限制使用农药明细如下。

表2-2 登记农药的防治对象及使用方法

序号	登记证号	登记名称	防治对象	有效成分用药量	施用方法
1	PD20070522	咪鲜胺锰盐可湿性粉剂	蘑菇湿泡病	0.4～0.6 克/米^2	喷雾
2	PD20070316	噻菌灵悬浮剂	蘑菇褐腐病	①1：1250～2500（药料比）；②0.5～0.75 克/米^2	①拌料；②喷雾
3	PD20070316 F120041	噻菌灵悬浮剂	蘑菇褐腐病	①1：1250～2500（药料比）；②0.5～0.75 克/米^2	①拌料；②喷雾
4	PD20070614	咪鲜胺锰盐可湿性粉剂	蘑菇褐腐病	0.8～1.2 克/米^2	喷雾或拌土
5	PD386-2003	咪鲜胺锰盐可湿性粉剂	蘑菇褐腐病、白腐病	0.4～0.6 克/米^2	拌于覆盖土或喷淋菇床
6	PD20050096	噻菌灵可湿性粉剂	蘑菇褐腐病	0.3～0.4 克/米^2	菇床喷雾

续表 4-2

序号	登记证号	登记名称	防治对象	有效成分用药量	施用方法
7	PD20151437	咪鲜胺锰盐可湿性粉剂	蘑菇褐腐病	$0.4\sim0.6$ 克/米^2	拌于覆盖土或喷淋菇床
8	PD20120886	氯氟·甲维盐乳油	食用菌螨、菌蛆	$0.13\sim0.22$ 克/100米^2	喷雾
9	PD20130483	二氯异氰尿酸钠可溶性粉剂	平菇木霉菌	$40\sim48$ 克/100 千克干料	拌料
10	PD20080872	三十烷醇微乳剂	平菇	$0.5\sim0.75$ 毫克/千克	喷雾
11	PD20090008	二氯异氰尿酸钠可溶性粉剂	平菇木霉菌	$40\sim48$ 克/100 千克干料	拌料
12	PD20160913	二氯异氰尿酸钠可溶性粉剂	平菇木霉菌	$20\sim40$ 克/100 千克干料	拌料

（一）国家明令禁止使用的农药

甲胺磷、甲基对硫磷、对硫磷、久效磷、磷胺、六六六、滴滴涕、毒杀芬、二溴氯丙烷、杀虫脒、二溴乙烷、除草醚、艾氏剂、狄氏剂、汞制剂、砷类、铅类、敌枯双、氟乙酰胺、甘氟、毒鼠强、氟乙酸钠、毒鼠硅、苯线磷、地虫硫磷、甲基硫环磷、磷化钙、磷化镁、磷化锌、硫线磷、蝇毒磷、治螟磷、特丁硫磷、氯磺隆、福美肿、福美甲肿、胺苯磺隆单剂产品、甲磺隆单剂产品等 38 种禁用。

百草枯水剂自 2016 年 7 月 1 日停止水剂在国内销售和使用。

胺苯磺隆、甲磺隆复配制剂产品自 2017 年 7 月 1 日起禁用。

三氯杀螨醇自 2018 年 10 月 1 日起，全面禁止三氯杀螨醇销售、使用。

（二）国家明令限制使用的农药

中文通用名	禁止使用范围
甲拌磷、甲基异柳磷、内吸磷、克百威、涕灭威、灭线磷、硫环磷、氯唑磷、水胺硫磷、灭多威、氧乐果、硫丹	禁止在蔬菜、果树、茶树、中草药材上使用，禁止用于防治卫生害虫
溴甲烷	禁止在草莓、黄瓜上使用
三氯杀螨醇、氰戊菊酯	禁止在茶树上使用
丁酰肼（比久）	禁止在花生上使用
氟虫腈	除卫生用、玉米等部分旱田种子包衣剂外的其他用途
杀扑磷	自 2015 年 10 月 1 日起，禁止在柑橘树上使用
溴甲烷、氯化苦	自 2015 年 10 月 1 日起，只能用于土壤熏蒸
毒死蜱、三唑磷	自 2016 年 12 月 31 日起，禁止在蔬菜上使用
2，4- 滴丁酯（包括原药、母药、单剂、复配制剂）	不再受理、批准
氟苯虫酰胺	自 2018 年 10 月 1 日起，禁止氟苯虫酰胺在水稻作物上使用
克百威、甲拌磷、甲基异柳磷	自 2018 年 10 月 1 日起，禁止克百威、甲拌磷、甲基异柳磷在甘蔗作物上使用
磷化铝	应当采用内外双层包装。外包装应具有良好密闭性，防水、防潮、防气体外泄。自 2018 年 10 月 1 日起，禁止销售、使用其他包装的磷化铝产品

第三章
食用菌主要病害及防控

一、侵染性病害

（一）湿泡病

1. 病原菌　湿泡病又名湿腐病、白腐病、疣孢病、褐腐病，病原菌为有害疣孢霉（*Mycogone perniciosa*），属半知菌亚门，丝孢目，丛梗孢科。主要危害双孢蘑菇、草菇和香菇等。这种病原菌不是专性寄生菌，但是世界上广泛栽培的双孢蘑菇却是它最好的寄主。有研究表明，双孢蘑菇或许具有一种"发芽诱导因子"易与有害疣孢霉高度互作，所以该菌易侵染双孢蘑菇。

2. 主要症状　病菌只侵染子实体，不侵染菌丝体。可以在子实体发育整个过程侵染发病。若菇蕾形成期被侵染，则菇床看不到正常的菇蕾，而形成马勃状组织；若幼蕾生长期被侵染，可造成菌盖发育不正常或停止生长，菇柄肿大变形，菇房湿度大时，菌盖表面有琥珀色液滴渗出；在子实体生长中后期被侵染，双孢蘑菇菌盖表面产生许多瘤状突起，随后子实体逐渐有琥珀色液滴出现，有恶臭味，子实体停止生长（彩图 1-1 至 1-3）。

3. 发生规律　有害疣孢霉是一种土壤真菌，在菇房内通过水滴、作业工具、害虫、工人等途径传播，其孢子可在土中存活几年。蘑菇菌丝能刺激病菌孢子的萌发，当蘑菇由营养生长转变

为生殖生长，即从形成菌索到产生菇蕾时，是病菌侵染的有利时机。菇房内通气不良、温度高、湿度大时病菌极易暴发。有害疣孢霉的最适生长温度为 25℃，20℃条件下分生孢子产生量最大，＜10℃和＞32℃很少发病。在堆料发酵过程中孢子经 55℃、4 小时或 62℃、2 小时即可达到杀灭病原菌的效果。蘑菇从病原菌侵染到症状出现需要 10 天以上，生长中的蘑菇菌丝能刺激有害疣孢霉孢子的萌发。第一潮菇发病时其病原往往来自覆土材料或旧菇床，其后续出菇发病，则主要由于水、采收工具及昆虫等带菌传播引起。

4. 防控方法　防治疣孢霉，以防为主，重点是覆土消毒。①选取远离食用菌栽培场所、不含食用菌废料的土壤，最好为河底或池塘底泥，或稻田里 20 厘米以下的中层土。土壤须经太阳暴晒，再经巴氏消毒或覆土灭菌后使用。②栽培场所须消毒，及时清除栽培房内的废料，做好场地清洁，并对场地进行彻底的消毒处理，在新料进入栽培场所之前必须完成这些清洁和消毒工作。有条件的栽培场所可利用蒸汽消毒，一般 70～75℃持续 4 小时即可达到菇房消毒灭菌的效果，然后通风干燥。此外，栽培房床架等生产工具最好能采用钢材和塑料等无机材料制作，这类工具在冲洗和消毒后可有效阻止病菌孢子的附着生存。③在发病区，培养料宜用低毒有效杀菌剂拌料，如 50% 咪鲜胺锰盐可湿性粉剂、500 克 / 升噻菌灵悬浮剂。在菇床出现病菇时要及时挖除，并撒上生石灰、杀菌剂（50% 咪鲜胺锰盐可湿性粉剂 0.4～0.6 克 / 米^2；40% 噻菌灵可湿性粉剂 0.3～0.4 克 / 米^2）等，让其干燥。病区不要浇水，防止病菌随水流传播扩散。

（二）干 泡 病

1. 病原菌　轮枝孢霉（*Verticillum fungicola* Preuss），属于半知菌亚门，丝孢纲，丝孢目，丛梗孢科，轮枝霉属。蘑菇干泡病又称轮枝霉病、褐斑病，是一种世界性的蘑菇真菌性病害。在

我国高温栽培区的福建、江浙及四川等地区发病严重，产量损失可达10%～20%，严重时更甚。

2. 主要症状 轮枝霉菌的侵染力较强，致使蘑菇各发育阶段均可被侵染危害导致发病。在未分化为出菇原基时感病会导致被侵染幼菇组织蜕变成一团小的、干瘪的灰色或灰白色组织块，形成直径达2厘米左右的干硬球状物，故被称为干泡病。此症状与湿泡病相比，其颜色偏深，发病区块体积较小，质地往往干硬，无液滴及臭味，也不腐烂。但子实体原基分化后感染，往往导致菇朵形状不完整，菌盖分化不完全或仅分化小部分，或菌柄畸形，致使菌盖不正。此外，被侵染的菇体表面往往着生有一层近细绒状的灰白色菌丝；后期被侵染菇体变褐，虽干燥但不腐烂。成熟的菇体被侵染会致菌盖顶部长出小突起或在盖表面出现蓝灰色病斑（彩图1-4，彩图1-5）。

3. 发生规律 轮枝霉菌的初侵染源来源于覆土材料，而分生孢子是再次侵染源。休眠的菌丝可以存活相当长时间。轮枝菌的分生孢子表面包被极黏的黏液，正是这种黏液把孢子黏附到尘埃、蝇类、螨类和采菇者身上而传播。喷的水也是散布病原菌和孢子的重要途径，孢子会随水喷洒到菇床和地面进一步传播。轮枝菌的孢子萌发温度为15～30℃，最适生长温度为22℃左右。在最适温度下，从被侵染到表现出侵染症状（畸形症状）仅需10天左右，而菌盖出现病斑等侵染症状仅需3～4天。双孢菇菌丝体和子实体能刺激轮枝霉菌分生孢子萌发。该菌不侵染菌丝体，但可沿着菌丝生长，随后侵染子实体。喷水过多、覆土太潮湿、通风不良，会导致该病害大发生。

4. 防治方法 ①主要是隔离，防止病区和其他培养料之间菌丝体相连接是很有效的限制此病传播的方法。菇房安装纱门、纱窗，防止菇蚊、菇蝇等害虫进入。②不用采过病菇的手整理菇床。③通风降温降湿，控制褐斑病的发生。④病区撒石灰或盐等。

（三）黄 斑 病

1. 病原菌　病原菌为伞菌假单胞杆菌（*Pseudomona agaric*），为平菇生产中普遍发生的一种细菌性病害。该病从幼菇期到成熟期都可发生，发病高峰季节一旦发生，则蔓延迅速，严重发生时损失可达50%以上。

2. 主要症状　平菇染病后出现黄斑或整丛菇黄化现象，病菇呈水渍状，但不发黏、不腐烂（彩图1-6）。黑色平菇出现黄斑后色差明显，严重时多潮菇均发病，产出的菇体因失去商品性而报废（彩图2-1）。

3. 发生规律　该菌分布广，可通过土壤、水、空气、培养料、害虫、病菇和管理人员等途径进行传播。当环境条件不适合假单胞杆菌生长时，它的存在并不危害菇体，但在向子实体喷水过多、菌盖长时间积水、高温、通风不良时，该菌会迅速繁殖危害菇体。在平菇生产中，该病多从11月份开始发病，高发期为3～5月份；高温高湿、通风不良条件下发病重；通常情况下黑色平菇比浅色的发病率高，且发病严重；种植年限长的菇棚发病重，特别是多年连续种植平菇的棚室；栽培管理中浇水不当，如多次浇淋使菇体表面和体内吸水处于饱和状态，或棚室内大量积水致湿度过高的发病重。此外，菇蚊、菇蝇可传播病菌，加重危害，当菇房内菇蚊蝇虫量高时，该病发生也重。

4. 防控方法　①按季节选用适宜的栽培品种。②菇房内保持通风状态，适当降低菇棚内空气相对湿度。③发病后及时摘除病菇，停止浇水，喷施5%石灰水可有效控制病害的蔓延程度。做好出菇环境的管理是关键，避免高温高湿，加强通风换气才可以彻底杜绝此类病害发生。④采用防虫网、黄板、诱虫灯等物理防控技术，阻隔、诱杀菇蚊蝇，减少传播介体，避免病害进一步扩散蔓延。

（四）细菌性腐烂病

1. 病原菌 病原菌为荧光假单胞杆菌（*Pseudomonas sp.*），该细菌个体极小，菌落为白色，圆形，稍隆起，表面光滑，边缘整齐，具有明显的荧光反应。

2. 主要症状 在食用菌发菌和出菇期，都易受细菌侵害而产生病变，特别是高温高湿条件下，更易发病。培养料受侵染后，大量的细菌在料内繁殖形成黄褐色或黑褐色的细菌体，使菌丝生长受到抑制，产生腐烂现象。子实体成长期受到细菌侵染后，致使菌盖或菌柄呈淡黄色水渍状病斑，发黏，在中温高湿的环境下，病斑扩展迅速，严重时菇体呈淡黄色水渍状腐烂，并散发出恶臭气味，完全不能食用（彩图 2-2 至 2-4）。

3. 发生规律 病菌可在培养料、水及土壤中广泛存在，可通过空气、人体及害虫传播，该菌喜高温高湿的环境，在温度为 10～30℃、空气相对湿度 90% 时蔓延速度很快。当温度过高或过低及湿度过小时，细菌可形成休眠芽孢，这种芽孢可在不利环境条件下长期存在，待条件适合时萌发并继续形成危害。拌料时使用了不干净的水、培养料发酵不彻底或不均匀、发菌或出菇场所不洁净等均易发生细菌性病害。出菇期菌袋长期积水，原基被淹，都易引发细菌性腐烂病；菇房内高温高湿、通风不良也是发病的主要条件。此外，菇床上菌蛆发生与病害蔓延有关，凡是发生该病菌的菇床，菌蛆虫发生严重。

4. 防控方法 ①使用干净水源拌料，基料发酵要充分、均匀，灭菌彻底。②改善菇房条件，搞好菇房的清洁卫生，控制菇房内的空气相对湿度不超过 95%，在人防地道或矿山坑道中栽培时要有通风设施。③科学用水，每次喷水时应控制适当的喷水量，防止子实体表面较长时间都保持有水膜或处于水湿状态，尽可能使用干净的水，防止病菌的发生蔓延。④防治菇蚊、菇蝇等害虫。⑤发现有病菇集体处理干净，并停止喷水 1 天后，加强通风。

（五）黏 菌 病

1. 病原菌 黏菌的营养体是一团多核的无细胞壁的原生质团，无固定形状。黏菌危害床栽、袋栽、段木栽培的食用菌，如蘑菇、平菇、香菇、毛木耳等。

2. 主要症状 黏菌主要生长在菇床料面、菌袋表面及段木上，经常是当天未发现，第二天就发现基物的表面长出一大团的原生质团，原生质团能慢慢移动，有的原生质团还可以移动到菇床床架、覆盖的塑料等上面。菌落颜色有白色、黄白色、橘黄色和灰黑色等。菌落形状有网络状、发网状、泡状等。若环境阴湿，其发展较快，逐渐连片，甚至覆盖整个菇床面。黏菌对食用菌的危害主要是污染培养料和段木，与食用菌竞争空间和营养，同时还可围食食用菌的菌丝和孢子。菇床受害会不出菇；菌筒受害，造成烂筒；段木受害，容易造成树皮脱落，杂菌大量滋生；食用菌子实体受害，易于腐烂，失去商品价值（彩图2-5，彩图2-6）。

3. 发生规律 黏菌在自然界中分布广泛，生长在阴湿环境中的腐木、枯草、落叶、青苔及土壤中，由孢子和变形体通过空气、培养料、覆土、昆虫及变形体的自身蠕动进行传播。黏菌适宜生长在有机质丰富、环境潮湿且比较阴暗的地方。培养料含水量偏高、菇房（棚）通气不良、气温较高，有利于黏菌孢子的萌发与生长。

4. 防控方法 ①床栽食用菌的培养料通过高温堆制和二次发酵，覆土材料要进行消毒处理，以杀死培养料与覆土中的黏菌。②袋栽食用菌要对周围环境进行消毒。③一旦发生危害，撒上石灰让其干燥后将菇床中发病部位的培养料挖除，菌筒搬离菇棚，并控制喷水、加强通风、增强光线，防止栽培场所长期处于阴湿状态。

（六）病 毒 病

1. 病原菌　病原为真菌病毒（*Mycovirus*）。在食用菌的细胞内广泛存在，当食用菌内致病病毒浓度较低时，菇体不出现病状；当病毒达到一定数量时，菇体和菌丝会出现一系列的病变。目前，易受病毒侵染的有蘑菇、香菇、平菇等食用菌品种。

2. 主要症状　病毒的症状因病毒粒子的浓度、感染时间、菌种及栽培条件的不同而有差异（彩图 3-1，彩图 3-2）。蘑菇病毒病表现为菌丝生长速度缓慢、稀疏、变褐色、菌落边缘不整齐，出菇量少甚至不出菇；已长出的子实体表现出各种畸形症状：子实体成熟早、易开伞、孢子小、释放快、萌发快。香菇病毒病表现为菌落发黄，菌丝难以在培养基上发菌、稀疏，子实体菌柄肥大、菌盖球形，菇体细小而薄弱，提早开伞。平菇病毒病在菌丝上没有明显的特征，出菇期在子实体上表现为菌柄膨大呈近球形或烧瓶形，不形成菌盖或只形成很小的菌盖，后期产生裂缝，露出白色菌肉；菌柄扁形弯曲，表面凹凸不平，菌盖小，边缘波浪形或具深刻；菌盖及菌柄上出现明显的水渍条纹或条斑。

3. 发生规律　病毒主要以带毒的菌丝及孢子进行传播。真菌病毒以长期潜伏感染为主，其症状的突发往往以病毒数量的骤增作为前提，菌种退化与病毒感染密切相关，退化的菌种更易感染病毒，而感染病毒的菌种则加速了它的退化。使用带毒的菌种，菇床上潜伏的带毒菌丝、孢子及感病子实体产生的大量孢子，是引起发病的主要原因。正在旺盛生长的蘑菇菌丝能刺激病毒孢子萌发。健康菌种长出的菌丝和感病孢子长出的菌丝间的融合，就会传播病毒并致菌丝感染。一般子实体发育早期感染病毒，对产量有极大的影响，而后期感染则对产量影响不大。

4. 防控方法　食用菌病毒病，目前还没有有效的药物可以治疗，主要采取预防措施。①选用无病毒的菌种，加强菌种生产质量的管理，及时认真检查和观察菌丝的生长情况，一旦发现问

题，则要及时处理。②菇房器具要严格消毒，老菇房特别是发现病毒侵染的菇房，要彻底清扫、消毒，防止病菇组织残留而传播病毒。③培养料要进行充分发酵。④发生病毒的菇房要在子实体开伞之前采完，防止带毒孢子扩散。⑤有条件的菇房可使用带空气过滤器的通气设备。

（七）枝霉菌被病

1. 病原菌　病原菌为葡萄枝孢霉 *Cladobotryum variospermun*，属半知菌亚门，丛梗孢目，枝孢属，能产生大量的分生孢子。

2. 主要症状　主要在巴氏蘑菇等覆土栽培时的覆土层上表现症状。首先出现白色稀疏的菌丝，随着病害加剧，渐浓密，菌丝网状覆盖在原基、子实体及覆土层上，后菌丝迅速扩展，出现一层雪白的绒毛状菌丝，随后白色菌丝上出现淡红色略带紫色的分生孢子堆。严重时大面积污染菇床，覆盖原基或子实体，菇倒伏而腐烂，发病区域不再出菇，对产量造成极大损失（彩图3-3，彩图3-4）。

3. 发生规律　病原菌属于土壤习居菌，长期在土壤有机质中生活，分生孢子通过气流、喷水、虫害活动和人工操作等途径传播。随培养料或拌料用水或直接从土壤中进入菇床。在温度较高的条件下，当培养料含水量充足和空气相对湿度过大时，菌丝生长迅速，气生菌丝很快铺盖培养料表面，此时越是喷水其生长越快。覆土含水量偏高，栽培场所空气相对湿度较大时，易导致该病害的发生。

4. 防控方法　①对培养料进行彻底发酵，或对覆土采用60℃以上高温熏蒸30分钟，可有效地消灭病原菌的分生孢子。②注意调控栽培场所内的环境湿度，避免空气相对湿度过大、覆土层表层水分过多（应控制空气相对湿度在90%以下）。③对于已发病区域可撒施食盐覆盖，或用湿纸巾小心覆盖发病区域，再在湿纸巾四周撒上食盐。注意避免触动发病区域的分生孢子，以免病原孢子随气流传播。④喷低毒有效的杀菌剂，如 40% 噻菌灵可湿性粉剂 0.3～0.4 克/米² 喷洒菇床。⑤反复使用的采收工具或搬运工具可能携带病原菌，应在进入栽培房前用水进行冲洗或者浸泡消毒。

（八）线 虫 病

1. 病原菌 线虫是一类微小低等动物，属无脊椎的线形动物门，线虫纲，线虫种类多，分布广。危害食用菌的线虫目前国内外已报道的有 16 种，其中危害最重的是堆肥滑刃线虫（*Aphlenchoides composticola*）、噬菌丝茎线虫（*Ditylencyhus myceliophagus*）和小杆线虫（*Pelodera spp.*）等。线虫不仅危害菌丝体和子实体，也是病毒病及螨类的传播介体。

2. 主要症状 线虫种类不同，侵害方式也不同。危害方式：有口针的线虫用口针穿刺到菌丝中，吸取组织汁液，使菌丝生长受阻，甚至萎缩消失，如蘑菇菌丝线虫；没有口针的线虫用头部快速而有力地搅拌组织，促使食物断成碎片，然后进行吮吸和吞咽，如小杆线虫。线虫的排泄物还是细菌、真菌、病毒等的温床，从而加重或诱发各种病害的发生，导致病虫交叉侵害，造成极大损失（彩图 3-5）。

不同食用菌被线虫危害后表现出不同的症状。蘑菇受线虫侵害后，菌丝体变得稀疏，培养料变黑、发黏，菌丝消失退化，俗称"退菌"，最后导致不出菇，并散发出一种特殊的腥臭味。香菇菌筒多在脱袋排筒期受到线虫侵害，导致菌丝受损，菌筒产生退菌现象，严重时菌丝全无，最后菌筒腐烂，栽培失败。银耳不论是段木栽培还是瓶栽、袋栽，都会受到线虫不同程度的危害，受害的耳片呈鼻涕状腐烂。凤尾菇受线虫侵害后，菌丝生长不旺盛，渐成萎蔫状，出现退菌现象，培养料变潮湿、腐烂。子实体被害呈软腐水渍状，软腐黄色或软腐褐色。草菇被线虫侵害后，子实体变黄，以后转为褐色，最后整个子实体腐烂，有一股难闻

的腥臭味（彩图3-6）。毛木耳被害后颜色变黑，手触易烂，生长停滞。黑木耳、金针菇等食用菌受线虫危害后，子实体腐烂、消融。菇房、生产工具、栽培料及堆料场所均可成为线虫的潜伏地点而成为病源。

3. 发生规律 线虫无处不在。培养料发酵采用 pH 值近中性、富含有机质而又未经消毒的土壤作覆土材料，用不清洁的水喷雾，旧菇房、旧床架缝隙中残存的休眠虫体和虫卵没有彻底消灭，栽培香菇的菇棚土壤这些都是线虫的主要来源。线虫可通过人手、工具、昆虫及雨水、喷水等传播。线虫在常温下发育较快，繁殖迅速。培养料含水量偏高有利于线虫危害。干燥条件下，线虫以休眠状态可在土壤中生存好几年。在同一种食用菌培养料中，通常是两种或两种以上的线虫混合发生。线虫不仅本身侵害食用菌菌丝体、子实体，而且其钻食特点往往为其他病原菌（细菌、真菌、病毒）制造侵入口，从而加重或诱发各种病害的发生，导致交叉侵害，造成极大损失。

4. 防控方法 线虫的防治应贯彻"预防为主，综合防治"的方针。采用农业、物理、化学等手段，进行综合防治。①加热处理培养料。线虫对高温忍耐能力弱，蘑菇、草菇、平菇等培养料要进行二次发酵或高温堆制，覆土也应通入高温蒸汽进行消毒，利用高温杀死线虫。②搞好栽培场所的清洁卫生。菇房在使用前要清除残留的烂菇及废料，进行彻底消毒。地面可用1%石灰水或1%漂白粉喷洒或浇洒，也可用石灰（0.25千克/米^2）拌沙土撒施。③使用清洁水。不干净的水中含有大量线虫和其他病原菌。因此，无论拌料或管理用水，都要取干净的井水、河水或自来水。如水源不干净的，可在水中加入适量硫酸铝，使杂质沉淀，以净化水源。对香菇浸筒、喷筒水可加入1%漂白粉，以清洁水源。④药剂处理。段木栽培木耳、银耳，可用1%石灰水的上清液或1%食盐水喷洒耳木，并在地面撒施石灰粉，这对防治木耳的小杆线虫有良好效果。密切注意培养料中的线虫动态，发

现线虫立即用 0.001% ～ 0.05% 碘液滴在病斑上，不使其扩大。或用 4.3% 氯氟·甲维盐乳油 0.13 ～ 0.22 克 /100 米 ^{2} 喷淋病区。⑤轮换菇场。尤其是香菇生产上，若线虫危害重，则烂筒率高，菇棚栽培使用 2 ～ 3 年后必须轮换 1 次，改种其他作物，如水稻等。

（九）细菌性斑点病

1. 病原菌　细菌性斑点病又称细菌性锈斑病、细菌性麻脸病、细菌性褐斑病，是蘑菇、平菇、金针菇等常见病害。该病为细菌性病害，病原菌为托拉氏假单胞杆菌（*Pseudomonas tolaasii*）。

2. 主要症状　该病菌只侵染菇体表面，典型症状为菌盖表面发生暗褐色小点或病斑，初期针尖大小，后迅速扩大，颜色加深，后变成褐色；严重时导致菇体畸形，分泌褐色黏液，散发臭味。蘑菇褐斑病菌盖上具斑点的地方开裂，有时菌柄也发病畸形。金针菇菌盖患病后，褐色病斑随着病情发展而扩大，布满菌脓，失去商品性。有时蘑菇采收后才出现病斑，特别是把蘑菇置于高温条件下，水分凝集在蘑菇菌盖表面上时，更容易发生病斑。

3. 发生规律　该菌在自然界分布很广，通过培养料、覆土、水、空气、昆虫等传播。在菇房温度 15℃以上，空气相对湿度 85%以上时易发病。特别是在菌盖表面长时间保持水膜的条件下容易发病。制作菌种时，培养料、接种工具灭菌不彻底，接种室（箱）消毒不好，无菌操作技术不熟练，都会造成细菌感染菌种。培养时不把被细菌污染的菌种挑出来，会使菌种带菌。在栽培期，该病菌通过空气发生初次侵染，通过喷水、害虫活动和人工操作发生再侵染。

4. 防控方法　①选育抗病品种，制种要严格按照无菌方法操作，菌种不能带病原细菌。②搞好菇房消毒，菇房四壁、地

面、层架等用漂白粉、甲醛溶液消毒处理。③培养料发酵要彻底。④栽培过程中注意控制水分，每次喷水后要加强通风，菌盖表面要保持干燥，菇房空气相对湿度要控制在85%以下。⑤一旦发病，立即摘除病菇，加大通风量，停止或减少喷水；摘过病菇的手，不经消毒不能接触健壮幼菇，防止病害蔓延；向床面喷洒1∶600倍漂白粉液，或5%石灰水，或50%咪鲜胺锰盐可湿性粉剂0.4～0.6克/米^2，可收到良好的防治效果。⑥及时防治菇蝇、菇蚊等害虫，以防害虫传播病菌。

二、竞争性病害

（一）木 霉 病

1. 病原菌 木霉又称绿霉，其种类很多，常见的有绿色木霉 *Trichoderma viride* Pers.、康氏木霉 *T. koningii* Oudem.、长枝木霉 *T. longibrachiatum* Rifai 及多孢木霉 *T. polysporum*（Link）Rifai 等。木霉属半知菌亚门，丝孢纲，丝孢目，丛梗孢科，木霉属。

2. 主要症状 木霉菌是侵害食用菌最严重的一种真菌性杂菌。凡是适合食用菌生长的培养基均适宜木霉菌丝的生长，其菌丝生长速度是食用菌菌丝生长速度的3～5倍（彩图4-1）。若菌种携带木霉病原或接种过程中消毒不严格，接种室内病原孢子浓度高使接种过程感染木霉孢子，则极易发生木霉菌污染（彩图4-2至彩图4-4）。病原孢子萌发繁殖迅速，将很快占据接种料面而导致接种菌丝失去培养基营养而停止生长，致使接种失败；被感染的培养料几天后即会整个料面腐败，呈现绿色，散发出强烈的霉味（彩图4-5）。木霉菌有时与食用菌菌丝之间形成拮抗线，有时又能侵入并覆盖食用菌菌丝体。此外，在出菇期，若出菇环境不适宜导致菇体生长受阻、抗性下降也极易被木霉病原菌侵染。子实体感染木霉病原之后，常停止生长、菇体软化、积水，

最后菇体长满木霉菌丝（彩图4-6）。

木霉不仅能污染培养料与栽培食用菌竞争营养，还能侵染当前所有种类的食用菌菌丝和子实体，目前尚未发现能抗木霉病原菌侵染的食用菌品种，因而每年均有大量的培养料、菌种和子实体受到木霉的侵害而导致巨大经济损失。木霉是当前食用菌栽培中的第一大病原菌。

3. 发生规律　木霉菌丝体和分生孢子广泛分布于自然界中，其分生孢子在6～45℃都能萌发生长，最适温度在20～35℃，此时菌丝生长最快。在基质内水分达65%和空气相对湿度70%以上时，孢子往往能快速萌发和生长。木霉孢子萌发及菌丝生长喜好偏酸性环境，适宜pH值范围为3.5～6。此外，木霉菌丝还耐二氧化碳，在通风不良的菇房内，菌丝也能快速生长侵染培养基和菇体。木霉菌丝能快速分解富含淀粉、纤维素和木质素的有机残体，且能寄生在长势较差的食用菌菌丝和子实体上。因此，栽培食用菌时，栽培场所、培养料、覆土和生活垃圾都是木霉病原菌的主要来源。而菌袋破损、瓶塞松动或封口不严、使用未经消毒灭菌的工具刺孔或无菌操作不规范时，极易埋下发病隐患。培养料中糖分和麸皮含量偏高、栽培环境高温高湿及培养料偏酸性，均有利于木霉菌的发生。

4. 防控方法　木霉是食用菌栽培过程中最普遍、致病力最强又难以防控的病原菌。要将木霉菌的危害程度控制在最低限度，最有效的方法是预防加防治相结合，层层控制各生产环节中木霉侵染的途径，才能有效地降低木霉菌的污染率和发病率。①保持接种、发菌场所的清洁，干燥并严格消毒，杜绝废料和污染料的堆积；装袋车间应与无菌室隔离，防止接种工具带菌污染，同时接种工具与培养料应保证彻底灭菌。②熟料装袋栽培时，选用高质量塑料菌袋，严防破损，减少破袋也是有效防控木霉污染的有效手段。③培养料配制时，适当降低碳氮比，尽量不加入糖分，控制麸皮用量，培养料水分控制在60%～65%，过高易引起木霉发生。必要时可在培养料中加入1%～3%的生石灰；也可添加杀菌剂，如40%二氯异氰尿酸钠可溶性粉剂40～48克/100千克干料、50%二氯异氰尿酸钠可溶性粉剂20～40克/100千克干料。④灭菌冷却后及时接种，保证接种菌种的纯度和活力，有条件时尽量在低温环境下进行接种操作，并在20～22℃环境下培养菌丝。接种时适当增加接种量，使菌种在菌袋或培养料内最短时间占据优势地位，覆盖料面减少木霉病原菌侵染的机会。⑤加强发菌期的检查，发现污染袋应及时清除出培养室，降低重复污染率。⑥保持出菇场所的清洁、通风，及时采收成熟子实体，摘除残菇和病菇。出现虫害时，及时用药防治，避免病虫交叉污染。

（二）根 霉 病

1. 病原菌　根霉是高温期间制袋生产期的主要病原菌之一。根霉属接合毛霉科，根霉属。最常见的根霉种类为黑根霉（*Rhizopus stolonifer*），是菌种生产和栽培过程中常见的一种污染菌。

2. 主要症状　培养基或培养料受根霉侵染后，初期表现为匍匐菌丝向四周蔓延，每隔一定距离就长出与基质接触的假根，通过假根从基质中吸取物质与水分。后期在基质表面0.1～0.2厘米高处形成圆球形的小颗粒体，即孢子囊，初形成时为灰白色或黄白色，成熟后变成黑色，整个菌落的外观如一片林立的大头针，这是根霉污染最明显的症状。根霉菌丝与食用菌菌丝接触时，常在交接处形成明显拮抗线（彩图5-1）。

3. 发生规律　根霉为喜高温的竞争性杂菌，适应性强，分布广，经常生活在陈面包或霉烂的谷物、块根和水果上，也存在于粪便、土壤和死亡的动植物体上；孢子靠气流传播；菌丝只能分解吸收富含淀粉、糖分等的速效性养分，生料和发酵料不易遭受根霉侵染，而熟化的培养基在高温期间接种和发菌时极易遭受

侵染。根霉在 20～35℃ 期间繁殖活跃，20℃ 以下菌丝生长速度下降；喜高湿偏酸的条件，在 pH 值 4～7 生长较快，培养物中碳水化合物过多易滋生此类杂菌。

4. 防控方法 根霉在高温高湿、偏酸、培养物富含碳水化合物的条件易受侵染。①适当降低发菌室温度（＜25℃）能有效控制根霉的繁殖速度，减低危害程度。②适当降低基质中速效性营养成分，如高温期制种制袋时在配方中适当减少麸皮含量，不添加糖分，也可降低根霉的危害程度。③拌料时加入 40% 二氯异氰尿酸钠可溶性粉剂 40～48 克 / 100 千克干料，或 50% 二氯异氰尿酸钠可溶性粉剂 20～40 克 / 100 千克干料。其他防治措施可参照木霉的防治方法。

（三）曲 霉 病

1. 病原菌 侵害食用菌的曲霉主要有黄曲霉 *Aspergillus flavus*、黑曲霉 *A. niger*、灰绿曲霉 *A. glaucus* 等，均属半知菌亚门，丝孢纲，丝孢目，丛梗孢科，曲霉属。曲霉是食用菌菌种生产和栽培过程中经常发生的一种杂菌。不同的曲霉在培养基中形成的菌落颜色不同，黑曲霉菌落呈黑色；黄曲霉呈黄色至黄绿色；烟曲霉呈蓝绿色至烟绿色；棒曲霉呈蓝绿色；杂色曲霉呈淡绿色、淡红色至淡黄色。曲霉不仅污染菌种和培养料，而且影响人的健康。黄曲霉能产生黄曲霉素，引起人、畜中毒，是一种很强的致癌物质。黑曲霉和烟曲霉产生的孢子浓度高时，可成为人体的致病菌，寄生于肺内发生肺结核式的病症，即曲霉病或"蘑菇工人肺病"。

2. 主要症状 在食用菌的制种制袋和发菌过程中，曲霉的污染也很普遍，尤其在多雨季节，空气相对湿度偏高，瓶口棉花塞回潮时，极易产生黄曲霉。基质在灭菌过程中，也常因温度偏低或保温时间不够，导致灭菌不彻底，其中的曲霉孢子未被杀死，导致发菌 10 天后袋内出现斑斑点点的曲霉菌落。在南方多雨地区，曲霉污染周年发生，从试管种到栽培袋都遭到不同程度的损失。在 PDA 培养基上常因棉花塞受潮感染黄曲霉，进而污染试管内的菌种。在麦粒或各种培养基中，常因水分过多，麦皮、谷皮开裂，遭受曲霉侵染进而报废（彩图 5-2，彩图 5-3）。

3. 发生规律　曲霉分布广泛，存在于土壤、空气及各种腐败的有机物上，分生孢子靠气流传播。曲霉对温度适应范围广并嗜高温，如烟曲霉在 45℃ 或更高温度生长旺盛，孢子较耐高温。培养基在 100℃ 下灭菌 10～12 小时或 125℃ 下灭菌 3 小时才能彻底杀灭其中的曲霉孢子。适合曲霉生长的酸碱度近中性，凡 pH 值近中性的培养料也容易被曲霉侵染；曲霉菌主要利用淀粉，培养料含淀粉较多或碳水化合物过多的容易发生；湿度大、通风不良的情况也容易发生。

4. 防控方法　①选用无霉变的原辅材料，培养料应加大石灰用量，以偏碱性条件控制曲霉菌发生。②菌袋制作时避免破损，培养料灭菌要彻底，避免灭菌时棉花塞受潮，接种时严格按照无菌操作，避免将病菌带入。③培养环境避免高温高湿，搞好环境卫生。其他防治措施参照木霉的防治方法。

（四）链孢霉病

1. 病原菌　链孢霉（*Neurospora sitophila* Shear et Dadge）属粪壳菌科，无性阶段为丛梗孢属。链孢霉又称脉孢霉，常见的有好食脉孢霉和粗糙脉孢霉，是高温季节菌种生产和栽培袋生产中的首要竞争性杂菌。链孢霉生长极快，一旦侵入，立即生长；传播极快，能随着工作人员的手、衣服等进行重复侵染。

2. 主要症状　在高温高湿季节，生产环节如操作不慎，极易引发链孢霉菌的感染。链孢霉菌发生极其迅速，病原孢子一旦侵入，立即萌发生长，菌丝白色或灰色，只需 2 天即可长满试管，第三天即出现橘色分生孢子，第五天菌丝甚至能透过带棉塞的试管在试管口长出一团橘红色的孢子团。其后大量的分生孢子随着空气扩散到其他菌袋袋口和破袋处进行重复感染，或随着生产人员的操作及工具等传播到其他区域或菇房。在高温季节，香菇、平菇、茶树菇及金针菇等袋栽菇类的菌袋极易遭受链孢霉菌的侵染危害（彩图5-4至5-6）。一旦发生污染，不但培养基内的淀粉、糖分等营养成分被链孢霉大量吸收，同时其产生的毒素还能抑制食用菌丝萌发吃料，致使接种失败，培养料作废。

3. 发生规律 链孢霉病原菌在自然界中广泛分布，在富含淀粉和糖分的有机质上能快速生长，在高温期常见到潮湿的玉米芯、甘蔗渣等表面长出橘红色的链孢霉孢子。链孢霉菌耐高温，在25～35℃条件下均能快速生长，培养基含水量在60%～70%均能长势良好并快速形成孢子团。但在瓶栽的料内，菌丝生长较弱难以形成孢子。此外，该病原菌的适宜pH值为5～8。

4. 防控方法 链孢霉污染主要出现在高温季节生产食用菌菌种和制作菌棒的过程中。由于其生长速度极快，而且后续污染较重，一旦处理不当，原培养室很可能成为新的污染源，甚至报废，直至数年后彻底清理、杀菌处理后才能启用。

主要的防控措施：①严格检查，确保菌种和培养室的清洁。接种后的菌袋，几天后即可例行检查，一旦发现有链孢霉污染的迹象应及时剔出。②若发现袋口长出橘红色链孢霉孢子团时，切忌随便移动被感染菌袋，建议采取以下方法处理：一是用塑料袋套住被感染菌袋，缓慢移出培养室，这一过程不可使气流流动过大，以免使病原孢子散发到空气中；二是用浸透废柴油或机油的废布将整个污染袋轻轻包住，然后再移出培养室。对于移出室外的感染菌袋，最好经灭菌处理后再焚烧或深埋。

需要注意：一旦发生链孢霉孢子团后，不要对其直接喷药，因为病原孢子会借助喷雾气流四处散发，形成扩散性污染；一旦扩散，只会导致更大的污染。另外，发生链孢霉污染的培养室，不能使用扫帚扫地，宜用带消毒药水的拖布进行擦洗，最好能单独兑配药物进行擦洗，以强化杀菌结果。对菇房的处理方法：间

隔 3～4 天使用低毒低残留的杀菌剂、消毒剂等熏蒸一次菇房，可以有效地控制链孢霉的蔓延。

食用菌链孢霉要采取预防为主、综合防治的原则在杂菌侵染之前进行防治，使之不发生、少侵染。如果已经大批污染，再来防治就比较困难了。

（五）褐色石膏霉病

1. 病原菌　褐色石膏霉又名黄丝葚霉（*Papulaspora byssina*），属无孢科。主要发生在蘑菇、姬松茸、草菇等草腐菌及覆土类品种的菇床上。

2. 主要症状　初期在菌床上出现稠密的白色菌丝体，不久变成肉桂褐色，在菌丝体的外围常有一新增长的白色边缘（彩图 6-1）。该菌可抑制食用菌菌丝生长，推迟出菇时间，发生量大时菇体产量会受到严重影响。

3. 发生规律　高温高湿的环境和偏碱性的培养料中易发生褐色石膏霉菌，在蘑菇培养料发酵过熟、料中水分偏多、温度偏高的情况下，菇床上易出现褐色石膏霉菌危害。利用废棉进行草菇栽培的菇床上也常发生该菌。褐色石膏霉菌借助空气传播，成为再次侵染的菌源。褐色石膏霉菌不耐高温，在 50℃下灭菌 12 小时，菌核状细胞团就被杀死。随着气温的降低和菇床水分的减少，菌斑逐渐干枯。

4. 防控方法　①注意搞好环境卫生，保持培养室周围及栽培地清洁，及时处理废料。接种室、菇房要按规定清洁消毒；制种时操作人员必须保证灭菌彻底，袋装菌种在搬运等过程中要轻拿轻放，严防塑料袋破裂；经常检查，发现菌种受污染及时剔除，绝不播种带病菌种。②避免培养料过于腐熟和湿度过大，增加过磷酸钙和石膏的用量，降低培养料 pH 值，防止过碱。③发病时，可用 50% 咪鲜胺锰盐可湿性粉剂 0.4～0.6 克/米^2、40% 噻菌灵可湿性粉剂 0.3～0.4 克/米^2 喷洒病菌，及时挖除病块，

减少用水，加强通风，使霉菌逐渐干枯消失。

（六）胡桃肉状菌

1. 病原菌　又叫菜花菇病、块菌病。病原菌为德氏菌属小孢德氏菌（*Diehliomyces microsporus*），属胡桃肉状菌属裸囊菌科。

2. 主要症状　胡桃肉状菌是高温期发生在蘑菇、草菇等菇床上，危害性很强的竞争性杂菌。在覆土层和培养料中出现不规则成串的畸形小菇蕾状杂菌，淡黄色，表面呈脑状皱纹，直径可达 1～5 厘米；群生，并不断向四周扩散，散发出强烈的漂白粉气味（彩图 6-2）。病害严重时可造成绝收。

3. 发生规律　胡桃肉状菌通常生活在土壤中，孢子随覆土、培养料进入菇房，也可随气流、工人、工具等传播，子囊孢子特别耐热（80℃下可存活 7 小时），耐干旱和化学药品，且存活时间很长。孢子在 16℃以上萌发，20～35℃时侵染力最强。在高温、高湿、通风不良和培养料近中性至偏酸性的菇房发生尤为严重。

4. 防控方法　①搞好菇房环境卫生。②认真挑选菌种，发现有长胡桃肉状菌的可疑菌种，有漂白粉气味或有过浓而短的菌丝的，应坚决淘汰。③培养料不宜过熟、过湿，并要进行二次发酵，覆土要进行消毒处理，彻底消灭潜存在培养料、覆土及菇房床架上的杂菌孢子。④播种后将菇房温度控制在 18℃左右，可抑制子囊孢子萌发。⑤一旦发生此病害，立即停止喷水，加大通风量。局部污染的，应及早将受污染的培养料及覆土挖除，喷洒低毒安全的杀菌剂，如 50% 咪鲜胺锰盐可湿性粉剂 0.4～0.6 克 / 米^2、40% 噻菌灵可湿性粉剂 0.3～0.4 克 / 米^2。

（七）鬼伞污染

1. 病原菌　鬼伞隶属鬼伞科。侵染食用菌培养料及覆土的鬼伞主要有毛头鬼伞 *Coprinus comatus*、墨汁鬼伞 *C. atrameatarius*、长根鬼伞 *C. macrorhizus* 和粪鬼伞 *C. sterquilinus*。菌丝白色、

稀疏，子实体早期白色，成熟后很快变黑并液化。

2. 主要症状　鬼伞是夏季高温期间发生在粪草类培养料上或覆土层上的竞争性杂菌，尤其在蘑菇、草菇、鸡腿菇及大球盖菇等草腐菌或需要覆土的菇类的菇床上，均可长出鬼伞的子实体。此外，在夏季培养料堆料发酵期间，若受到暴雨袭击，料温下降或堆料带菌都将造成发菌期间鬼伞的暴发污染。一般草菇在播种后 5 天、蘑菇播种后 10 天就会出现鬼伞。鬼伞菌丝稀疏，因此在菇床表面难以见到其菌丝，且鬼伞菌丝生长速度往往较食用菌菌丝快。鬼伞子实体长出料面后，可看到一簇簇灰黑色的小型伞菌子实体，通常 12～24 小时即可成熟开伞，开伞后子实体融化并流出墨汁状液体，很快腐烂发臭，并诱发其他杂菌病害（彩图 6-3，彩图 6-4）。鬼伞发生严重时，菇的产量受到很大的影响，甚至绝收。

3. 发生规律　鬼伞在自然界分布广泛，菌丝体和担孢子均可存在于秸秆和粪肥上，孢子随空气、水和培养料等途径传播。鬼伞喜好高温高湿，在培养料发酵不彻底，氮肥含量过高，栽培场地连续出现温度 20℃以上、空气相对湿度 90% 以上的环境条件，均有利于该病原菌的发生。其适应酸碱环境的能力较强，培养料 pH 值 4～10 均能正常生长。

4. 防控方法　①培养料选择时应用新鲜无霉变的，在高温期间堆料发酵应加强料堆透气性，防止雨淋。培养料碳氮比要合理，含水量不宜过高，且发酵要充分、彻底。②菇床上出现鬼伞后，应在其开伞前及时拔除，以防开伞后再次传播病原孢子。

（八）细 菌 病

1. 病原菌　细菌属原核生物，单细胞，主要有球形、杆形和螺旋形 3 种基本形状，对应称之为球菌、杆菌和螺旋体（螺旋菌）。对食用菌生产危害较为常见的种类有芽孢杆菌属（*Bacillus*）、假单胞杆菌属（*Pseudomonas*）、黄单胞杆菌属（*Xanth-*

omonas）和欧文氏杆菌属（*Erwinnia*）等。

2. 主要症状 污染食用菌菌种和培养料的细菌种类很多，尤其在高温季节，试管培养基在灭菌和接种过程中，常因操作不当而被细菌侵染，细菌很快长满斜面，接入的菌种块被细菌包围，导致接种失败，试管种报废（彩图6-5）。谷粒及麦粒培养基被细菌污染后，表面有水渍状黏液，并散发出腐烂性臭味，致使成批的菌种报废（彩图6-6）。栽培袋或栽培瓶受细菌污染后，培养料局部出现湿斑，并且食用菌菌丝生长缓慢，出菇延迟，产量下降。培养料在低温和通气不良时发酵，堆料温度难以上升会演变为细菌性发酵，致使培养料黏结，颜色变黑并散发酸臭气味，即使再经灭菌处理，接种菌种也难以萌发和吃料。在生产中常因细菌污染而损失大量的菌种和发酵料。

3. 发生规律 细菌广泛分布于自然界中，在培养料、水、空气及土壤中都有其芽孢和菌体，昆虫活动、喷水和人工操作是主要的传播方式。培养基灭菌不彻底、接种操作不规范、培养料含水量过大、栽培场所清洁条件差、空气相对湿度过高、通气不良等均是细菌污染发生的重要原因。此外，由于细菌芽孢耐高温，培养料常因灭菌设备漏气等而造成灭菌不彻底，导致接种后第二天即有细菌污染的发生。细菌在pH值3～7的范围内均能保持高侵染力。

4. 防控方法 ①培养基灭菌彻底。母种培养基要彻底灭菌，以杀死所有杂菌。高压灭菌要排净冷空气，0.15兆帕121℃下灭菌30分钟。原种、栽培种培养料和熟料栽培的培养料，高压蒸汽灭菌3小时，或常压灭菌达到100℃后保持10小时以上。②接种工具要彻底灭菌。接种工具用牛皮纸和聚丙烯薄膜包裹，随培养基一块灭菌，此法灭菌彻底，省工省时；或是用火焰灼烧彻底灭菌，要求接种钩（铲）进入试管部分都要彻底灼烧，杀死所有杂菌。③保持接种室干净清洁，每天进行消毒。接种时严格按无菌方法操作，尽量避免杂菌污染。④接种后1～3天认真检查菌种，挑出被杂菌污染的试管。避免因检查不仔细造成母种带菌。尤其要注意颜色淡白、菌苔很薄、肉眼不宜察觉的细菌菌落。培养7天后，这些菌落容易被平菇菌丝体遮盖，形成带细菌的母种、原种、栽培种和栽培袋，一般要2～5天检查1次。⑤原种、栽培种和栽培用培养料要严格按配方配料，严防水分过多，接种时可在培养料中加入低毒有效杀菌剂或加入2%的石灰水，用以控制装袋期间的细菌繁殖污染。

（九）白色石膏霉病

1. 病原菌　白色石膏霉（*Scupulariopsis fimicola*）又名臭霉菌、面粉菌、类生帚菌，属丛梗孢科。菌落初为白色，成熟后变为粉红色，手感如面粉状粉粒，孢子脱落后在梗顶端留有环痕。白色石膏霉是双孢蘑菇、草菇、鸡腿菇、姬松茸等菇床上普遍发生的一种竞争性杂菌。

2. 主要症状　白色石膏霉先在培养料内出现白色棉毛状菌丝体，随后扩大到覆土层，在培养料或覆土层表面形成圆形菌落，不久变成白色石膏状的粉状物，成熟时斑块变粉红色，并可见到黄色粉状孢子团（彩图7-1，彩图7-2）。受污染的培养料变黏、发黑、发臭，食用菌菌丝不能生长，在白色石膏霉病区内大多不出菇，偶尔出菇个头小、不规则、品质差。白色石膏霉产生的孢子量大，传播快，常引起二次感染，造成的损失较大，但这种菌被消灭后，食用菌菌丝仍能恢复生长。

3. 发生规律　白色石膏霉是一种常见的土生霉菌，为真菌性病害，该菌生长在土壤和腐败的植物上，其孢子可通过空气、培养料、土壤、工具和操作人员传播。在培养料发酵不良（堆温太低、未腐熟）、含水量过高、酸碱度过高（pH值8.2以上）的条件下易发生和蔓延。在培养料发酵质量好、菌种好、培养条件好的情况下，该菌很少发生。

4. 防控方法　①严格按照培养料的堆制要求，掌握好原料

配比、发酵温度，可适当增加过磷酸钙和石膏的用量，防止培养料偏湿、偏碱。②培养料要进行二次发酵，覆土要消毒或熏蒸处理。③在菇床上发生时，可用1∶7的醋酸溶液或食醋溶液喷洒，也可在发病部分撒施过磷酸钙。

三、生理性病害

生理性病害不是由病原微生物侵害而引起的，而是由外界环境中许多不适宜的因素造成，一旦这些不良因素解除了，食用菌又能恢复正常生长。因此，生理性病害防治的根本在于改善和创造适合食用菌生长的良好环境。

（一）缺氧所致的畸形菇

1. 病因与症状 缺氧致子实体畸形是一种常见的生理性病害，是由栽培场所不通风或通风不良、不及时，栽培房、棚内的二氧化碳浓度过高所致。各种食用菌畸形表现症状存在差异，如平菇子实体一般呈现菜花状分枝、高脚型、珊瑚型及无菌盖的肥脚菇等；香菇则表现为菌盖和菌柄扭曲；灵芝则表现为鹿角状分枝；杏鲍菇表现为无菌盖或菌盖扭曲；毛木耳则出现"鸡爪耳"；鸡腿菇子实体出现鸡爪菇；猴头菇子实体呈现花菜状，毛刺状物短且分枝；草菇出现肚脐菇，银耳出现团耳等（彩图7-3至彩图7-6）。

2. 防控方法 ①一旦发现畸形菇，要立即加强菇房的通风管理，改善通气状况，使之尽早恢复正常生长。②畸形严重的原基应及时摘除，让其重新分化，生长出正常菇体。③冬季加温时应在菇房外烧暖气，再用暖气管送暖气至室内，防止室内直接烧炉消耗氧气，增加一氧化碳和二氧化碳的含量也会造成菇体中毒，变色畸形。

秋季袋栽香菇，头潮菇割口不及时，易导致子实体畸形偏

多；菌棒转色后及时划口可避免袋内氧气不足、子实体挤压造成的畸形，也可采用保水膜套袋栽培。在杏鲍菇栽培菇房中，通过控制通风量，增加二氧化碳浓度，抑制菌盖生长，可促进菌柄生长，获得商品性状更好的子实体，但二氧化碳浓度过高也会导致畸形。在灵芝栽培管理中，减少通风量，增加二氧化碳浓度，有利于培育具有观赏价值的鹿角状分枝的灵芝子实体。在工厂化栽培金针菇中，通过控制通风量，将氧气和二氧化碳调整到合适浓度，抑制菌盖生长，促进菌柄伸长，可获得更具食用价值的产品；但金针菇在氧气严重不足时，常长出无菌盖针头状子实体。

（二）温度不适所致的畸形菇

1. 病因与症状　食用菌在出菇期间遭遇到不可抗拒的高温、低温或者温差较大的刺激，会造成生理失调，使菇体畸形或死亡。如平菇出菇期间遇到高温和光照不足时，子实体菇柄细长，菇盖较小，且颜色苍白，子实体像高脚酒杯（彩图8-1）。中温平菇在高温下形成厚菌皮或长成"鸡爪式"菌盖；草菇在15℃以下时会出现萎缩软化和死亡现象；杏鲍菇在温差较大或温度偏高时易出现畸形子实体；鸡腿菇在春季温差较大时，生长不稳定极易出现死菇现象。灵芝出芝温度低于22℃时，则菌盖难以形成，而是形成长而弯曲的菌柄（彩图8-2）。

2. 防控方法　①了解食用菌子实体生长与温度的关系，食用菌的不同种类或品种出菇适宜温度不同，应根据不同区域、不同季节选择不同温型的食用菌进行种植，常见食用菌子实体发育与温度要求见表3-1。②加强必要保护措施，夏季栽培时，在幼蕾生长期应注意开窗通风，必要时可采用喷水降温等措施，避免香菇栽培环境出现30℃以上的连续高温、双孢蘑菇栽培环境出现连续25℃以上的高温。扩大昼夜温差，创造有利于平菇子实体生长的条件，同时防止白天气温过高，使菇体在较为适宜的温度范围内生长。③遇到季节不适宜时，尽量安排以菌袋形式越冬

或越夏，菇床中则以遮阴干燥、覆厚土的形式越夏，到温度适宜时再脱袋出菇。

表3-1　常见食用菌结实与发育温度要求

食用菌种类	适宜温度（℃）		食用菌种类	适宜温度（℃）	
	结实温度	发育温度		结实温度	发育温度
双孢蘑菇	8～18	13～16	猴头菇	12～24	15～22
香　菇	7～21	12～18	滑　菇	5～15	7～10
草　菇	22～35	30～32	口　蘑	2～30	15～17
平　菇	7～22	13～17	松口蘑	14～20	15～16
凤尾菇	25～27	20～30	茯　苓	23～26	24～26
鲍鱼菇	24～27	26～28	巴西蘑菇	16～26	18～21
榆黄蘑	24～27	25～28	白灵菇	5～13	12～18
金针菇	5～19	8～14	茶树菇	13～25	22～24
大肥菇	20～25	18～22	黑木耳	15～32	20～28
木　耳	15～27	24～27	金福菇	20～33	25～30
毛木耳	16～28	20～30	杏鲍菇	10～18	10～15
银　耳	18～26	20～24	秀珍菇	8～22	12～20

（三）菌丝徒长

1. 病因与症状　培养料中氮源营养所占比例过高、菇房湿度过高、通风不良等易造成菌丝生理活动发生紊乱而徒长。菌丝徒长会造成养分空耗，菌皮过厚，影响子实体发生（彩图8-3）。

2. 防控方法　①培养料配方中，氮源使用要适量。常用的麦麸或米糠等，其用量宜控制在15%～20%，以避免菌丝生长过旺，延长生理成熟时间。②一旦发生菌丝徒长，应加大菌床的通风量，降低菌床、菌袋的相对湿度，迫使菌丝收缩倒伏。

（四）袋 内 菇

1. 病因与症状　培养室温差太大，光线太强，子实体被束缚在袋内，无法成形，无经济价值，却消耗大量的养分（彩图8-4）。

2. 防控方法　①合理调控培养室的光线和温差。菌包在发菌前期，培养室应保持黑暗，后期要有一定的散射光。培养期间要做到相对恒温，以缩小温差。②及时处理袋内菇。发现袋内菇后，应及时割开菌袋将子实体连根拔除。对菌袋被割开的部分，要及时用透明塑料胶布补上，以防菌筒脱水。

（五）幼菇萎缩干枯、空心菇

1. 病因与症状　因为生理缺水和空气相对湿度过低所致，或蘑菇覆土层过干等导致。幼菇及菇丛生长瘦弱，菇体从顶向下萎缩枯死，分化形成的小菌盖及菌柄呈皱缩干瘪状，菌柄中心发白、中空（彩图8-5）。

2. 防控方法　①调节好培养料的含水量，出菇期保持菇房空气相对湿度在85%～90%。②出菇前后培养料含水量过低时，应及时喷水。③菇床或菌袋不要长时间受阳光暴晒和风吹。

（六）死 菇

1. 病因与症状　在栽培过程中，大量子实体死掉，尤其在第二批菇以后更容易发生。出菇过密，小菇过多，子实体生长所需的营养供应不上，会使大批菇蕾、幼菇死亡；在菇蕾米粒大小时直接打重水，菇蕾太小，重水会引起死菇；小菇在形成时遇到高温（20℃以上），呼吸作用增强，菇房又通风不良，二氧化碳过量，水分、养分供应不足，可引起死菇；出菇较密时，采菇不慎松动周围菌丝，影响旁边的小菇吸收营养而使小菇死亡。

2. 防控方法　注意通风换气、降温，合理喷水，满足菇体

生长所需要的条件。采菇时要小心，不要碰伤幼菇。

（七）湿度偏高引起的腐烂、流耳现象

1. 病因与症状 当空气相对湿度长时间接近饱和状态，通风不良，菇体表面积水，遭受菇蚊、菇蝇等害虫危害造成伤口时，易被细菌侵染而发病（彩图9-1）。黑木耳耳片染病后，上耳片有胶质黏液流出、腐烂、发臭。

2. 防控方法 ①出菇期间遇高温高湿、闷热天气时应停止喷水，加强通风可以降低环境温度和空气相对湿度。喷雾用水应使用井水、自来水等清洁水。②对于已经发生病害的菇体要及时清理，清除杂草，杀灭菇蚊、菇蝇等害虫。

（八）药 害 症

1. 病因与症状 农药使用不当，或所用喷雾器中有残留农药等均可能导致药害发生，各种杀菌剂、杀虫剂、除草剂、消毒剂和添加剂也可能导致药害发生。菌丝体发生药害时，表现为菌丝停止生长或者死亡。子实体受到药害影响时，表面会出现各种变色斑点，严重时子实体畸形、黄萎或死亡（彩图9-2）。

2. 防控方法 使用药剂之前，必须明确药剂是否会产生药害，严格按规定剂量或浓度施用。喷雾器在使用前应反复清洗，以免残存其他药剂。对于已发生的药害，应用清水多次冲洗，并及时摘除受害菇体，以便再次生长新的子实体，减少损失。

第四章

食用菌主要虫害及防治

据报道，约有 17 个目的有害昆虫和动物能直接侵害食用菌的栽培基质、菌丝和子实体。虫害主要危害途径：一是取食菌丝体或子实体，直接造成减产或影响子实体外观，致使食用菌产量下降或失去商品性；二是由于虫伤导致腐生性细菌或其他病原菌侵染，或直接传播病原菌；三是害虫蛀食菌棒，加重菌棒污染程度，直接导致出菇产量和质量下降。严重危害食用菌的害虫主要有双翅目的眼菌蚊、菌蚊、瘿蚊、粪蚊、蚤蝇、厩粪蝇及弹尾目的跳虫、螨类等。

一、双翅目害虫

这一类害虫主要包括蝇、蚊类昆虫，其典型特征：虫体小，口器有刺吸式和舐吸式两类，具 1 对膜质前翅，后翅退化。幼虫无足型，蛹多为围蛹。据统计，该目下有 10 余个科的昆虫与食用菌生产关系较密切，包括许多食用菌上的主要害虫。其中，以古田山多菌蚊（*Docosia gutiuushana*）和中华多菌蚊（*D. sinensis*）危害为主。

（一）多菌蚊（菇蚊、菇蛆）

属双翅目长角亚目菌蚊科多菌蚊属。该属有古田山多菌蚊、中华多菌蚊，俗称菇蚊或菇蛆。危害食用菌的主要害虫为古田山多菌蚊。

1. 形态特征 成虫体长 3～5 毫米，膜翅基本与腹部等长，头嵌入胸末，不凸起，单眼通常远离眼眶，眼后无鬃毛，前胸背板上具稀疏刚毛，口器通常短于头部。虫卵通常椭圆形，白色发乳光。幼虫通常细长，可长达 4～6 毫米，白色，具一明显黑色头部。老熟幼虫大多直接在室内化蛹，有茧或无，一般在附近有菌的土壤里等黑暗场所进行。蛹期往往较短。

2. 危害症状 多菌蚊尤其喜食秀珍菇菌丝，钻蛀幼嫩子实体，造成菇蕾萎缩死亡（彩图 9-3）。幼虫危害茶树菇、金针菇、灰树花时往往从柄基部钻入菇体，取食柄部组织，导致菇断柄或倒伏；危害黑木耳、毛木耳和银耳，导致耳片基部变黑并发黏，往往并发流耳和杂菌感染等。成虫虫体常携带螨虫和病菌，随着虫体活动而传播，造成多种病虫害同时出现，对生产的食用菌产品的产量和质量造成极大的损失（彩图 9-4，彩图 9-5）。

3. 发生规律 多菌蚊是食用菌栽培中最重要的害虫之一。其幼虫直接危害食用菌菌丝和子实体，如蘑菇、平菇、黑木耳、姬松茸、杏鲍菇、金针菇、茶树菇、灰树花、白灵菇、毛木耳和银耳等多种广泛栽培品种都是多菌蚊的取食对象。古田山多菌蚊适宜在中低温环境生活，温度 5～32℃条件下都能完成正常的生活周期，以 15～25℃为活跃期，适宜环境条件下成虫寿命可达 3～5 天。3～6 月份和 10～12 月份是多菌蚊的繁殖高峰期。初孵化的幼虫为丝状，群集于水分较多的腐烂培养料内，随着虫龄增长向料内、菇体内钻蛀取食。

4. 防控方法 ①搞好环境卫生。选择清洁干燥、向阳，周围无水塘、积水和腐烂堆积物的栽培场所，及时收集处理料面的菇根、烂菇等，减少虫源。②物理防控。在菇房门窗和通气口安装 60 目纱网，阻止成虫入内。利用频振式杀虫灯、黑光灯或高压静电灭虫灯诱杀。无电源的菇棚可用黄色的黏虫板悬挂于菇袋上方，待黏虫板黏满成虫后再继续换新板。③保证培养料消毒彻底，减少发菌期菌蚊繁殖量。④进行药剂防控时应慎重，力求对症下药。在出菇期密切观察料中虫害发生动态，当发现袋口或料面有少量多菌蚊成虫活动时，结合出菇情况及时用药，力求将外来虫源或栽培场地内的始发虫源灭绝，或能保当季生产不受该虫危害。施药时应注意在用药前将能采摘的菇体全部采收，并停止浇水1天。如遇成虫羽化期，则要多次用药。选择对人和环境安全的药剂，如4.3%氯氟·甲维盐乳油、1 200 ITU/毫克苏云金杆菌（以色列亚种）可湿性粉剂、3%阿维菌素乳油等低毒农药。

（二）中华新蕈蚊

中华新蕈蚊（*Neoempheria sinica*），属双翅目菌蚊科，又名大菌蚊。

1. 形态特征　成虫黄褐色，体长5～6.5毫米。头部黄色，触角中间到头后部有1条深褐色纵带穿过单眼中间。紧靠复眼后缘各有1个前宽后窄的褐斑。触角长。卵椭圆形，但顶端尖，背面凹凸不平，腹面光滑。幼虫初体长1～1.3毫米，成熟后10～16毫米，头壳黄色，胸和腹部淡黄色，共12节，气门线深色波状。蛹初乳白色，长约5毫米，粗约2毫米，后渐变淡褐色至深褐色。

2. 危害症状　幼虫危害蘑菇、木耳、香菇、平菇等的菌丝体和子实体，咬食菌丝，使菌丝减少，培养料变黑、松散、下陷，造成出菇困难。出菇以后，幼虫从菇柄基部蛀入取食，并蛀入到菇体内部，形成孔洞和通道，其中以原基和幼菇受害最为严重。虫口密度大的部位或区域，幼菇发育往往受到抑制，并使被害菇变褐后呈革质状，或群集蛀空菌柄，使被害菇变软呈海绵状，最后腐烂。

3. 发生规律　成虫盛发期在2～6月份和10～11月份，有很强的趋腐性和趋光性。成虫多数喜欢产卵于培养料和覆土上，

鲜见于菇体上。幼虫喜欢在 15～28℃的温度下活动，生长发育较好。幼虫老熟后多在土层间隙或培养料中化蛹。该菌蚊食性杂，喜腐殖质，常聚集在堆有垃圾、废料的地方。

4. 防控方法 ①菇房装纱门纱窗，以防止成虫飞入菇房。②人工捕捉。中华新蕈蚊有群居习性，因成虫和幼虫比较大，所以采菇后清理料面时应注意捕捉幼虫。成虫有趋光性，常常飞到菇房窗上或灯光附近停息或交尾，可用蝇拍扑打，也可利用其特点进行灯光诱杀。③药剂防治。可用 4.3% 氯氟·甲维盐乳油（0.13～0.22 克 / 100 米 ^{2} 喷雾）、1 200 ITU/ 毫克苏云金杆菌（以色列亚种）可湿性粉剂（0.5～1 克 / 米 ^{2} 喷雾）等低毒农药。其他参照多菌蚊防治。

（三）闽菇迟眼蕈蚊

闽菇迟眼蕈蚊（*Bradysia minpleuroti* Yang et Zhang），属双翅目眼蕈蚊科，异名黄足菌蚊。

1. 形态特征 成虫暗褐色，头部色深，复眼具毛，触角褐色。雄虫体长约 3 毫米，雌虫体长约 3.5 毫米。卵长圆形，初淡黄色近半透明；后期白色，透明。幼虫初孵化体长约 0.6 毫米，成熟后为 6～8 毫米，乳白色，头部黑色，近圆筒状。老熟幼虫在薄茧内化蛹，蛹长 3～3.5 毫米，初期乳白色，后期色深近黑色。

2. 危害症状 闽菇迟眼蕈蚊主要侵害南方秋、冬季地区的毛木耳、鲍鱼菇、凤尾菇、蘑菇等品种。以幼虫咬食菌丝、原基和子实体，被害后造成退菌、原基消失、菇蕾萎缩、啃食缺口和菇体出现蛀洞等危害症状。被害部位呈糊状，颜色变黑，菇体呈现黏糊状，继而感染各种病菌，造成菇袋污染报废。

3. 发生规律 闽菇迟眼蕈蚊喜在畜粪、垃圾、腐殖质和潮湿的茶园及花盆上繁殖。闽菇迟眼蕈蚊在福建的漳州、龙海及莆田一带发生较多，危害也较重。温度低于 13℃时，幼虫活动缓

慢；当温度在 16～26℃时，幼虫活跃，大量取食和繁殖。该虫通常以蛹或卵的形式越夏，以蛹或幼虫的形式越冬。每年发生 2～3 代。

4. 防控方法 参考多菌蚊防控方法。

（四）瘿 蚊

瘿蚊属长角亚目瘿蚊科菌瘿蚊属。危害食用菌的瘿蚊有真菌瘿蚊（*Mycophila fungicola*）、异翅瘿蚊（*Heteropera pygmaen Winnertz*）。其中，以真菌瘿蚊最为常见。

1. 形态特征 成虫似细小家蝇，体长 1～1.1 毫米，翅展 2 毫米左右。卵近长椭圆形，长 0.25 毫米左右，初时呈乳白色，以后慢慢变为橘黄色。幼虫呈长纺锤状，有性繁殖孵化的幼虫白色，体长 0.2～0.3 毫米；无性繁殖幼虫略淡黄色，体长 1.3～1.5 毫米；老熟幼虫体长 2.3～2.5 毫米，橘红色或淡黄色。蛹倒漏斗形，前端白色，半透明，后端腹部橘红色或淡黄色，蛹长约 1.5 毫米。

2. 危害症状 真菌瘿蚊主要是以幼虫危害平菇、蘑菇、木耳、银耳等。发菌期幼虫在料中危害，覆土后多数转移到覆土层危害茸毛菌丝与子实体，菇蕾受害后发黄，萎缩而死。子实体出土后，该害虫虫口密度小时主要分布在菇根上；虫口密度大时可扩散到整个菇体，经常可见菇体因幼虫钻入而呈橘红色或淡红色。当菇少幼虫多时，覆土上呈现一层红色粉状物质。气温低时，幼虫即钻入菌肉的浅皮层。瘿蚊幼虫同时也携带其他致病菌等杂菌，而幼虫取食造成的伤口则成为杂菌侵入的突破口，造成病害发生，严重影响食用菌的产量和质量，造成极大损失。

3. 发生规律 瘿蚊危害期主要在春季、秋季、冬季的中低温时期。在温度 5～25℃时，瘿蚊能取食菌丝和菇体并以母体繁殖，3～5 天繁殖 1 代，虫口数量短时间内迅速递增，很短时间就在菇床的料面和菇体中出现橘红色的虫体。干燥时，虫体密集结成球状，直到环境合适时球体解散，存活的幼虫则继续繁殖。幼虫喜潮湿环境，于湿润的培养基上可以爬行，若干燥则虫体迅速失水死亡。此外，幼虫可用自身卷曲的弹力进行迁移。当温度在 5℃以下时，瘿蚊以幼虫的形式在栽培料中休眠越冬；在 30℃以上时，以蛹的形式越夏，待温度适宜时再变为成虫产卵。

4. 防控方法 ①菇房门、窗、通气孔上安装纱门、纱窗，防止成虫飞入产卵繁殖。②搞好菇房环境卫生，进料前菇房进行彻底杀虫，清除菇房内外垃圾；发菌场所保持适当的低温和干燥，往往能有效控制瘿蚊危害。③及时捕捉或喷药杀死窗户附近及灯泡下发现的成虫。④在菇床上早期发现瘿蚊时，对培养料表面适当停止喷水，可使幼虫因床面干燥而停止取食和繁殖，或因缺水而死亡。⑤在出菇期遇瘿蚊暴发时，采菇后喷 4.3% 氯氟·甲维盐乳油（0.13～0.22 克 /100 米 ^{2}）、1 200 ITU/ 毫克苏云金杆菌（以色列亚种）可湿性粉剂（0.5～1 克 / 米 ^{2}）等低毒农药，能有效减少虫口数量。

（五）广粪蚊

广粪蚊（*Cobolidia fuscipes* Meigen），属双翅目粪蚊科。

1. 形态特征 成虫体长约 2 毫米，黑亮，为小型粗壮蚊类。头部小，触角短、粗棒状，复眼发达。卵长 0.1～0.2 毫米，宽 0.1 毫米左右，初乳白色，孵化前变亮，长圆筒形，表面光滑。幼虫初灰白，长约 0.3 毫米；老熟后淡灰褐色，长 1.8 毫米。头黄色，后缘具一黑边；触角棒状，具小分枝。蛹无茧，裸蛹，长 1.7～3.2 毫米，褐色，气门明显。

2. 危害症状 广粪蚊以幼虫危害多种菇类培养料、菌丝、原基和菇体。广粪蚊活跃期，毛木耳及平菇的耳片和原基易遭受幼虫危害，被害后造成培养基松散、黏糊、丧失出菇能力。耳片被害后造成缺刻、孔洞和流耳，并伴生绿霉等其他病原杂菌感染。

3. 发生规律 15～30℃是广粪蚊活跃期，秋天危害较轻，而以春、夏季危害严重，主要以4～6月份栽培的毛木耳和平菇受害最为严重。广粪蚊一般以老熟幼虫和蛹的形式在培养料中越冬，通常以蛹的形式越夏。

4. 防控方法 参照多菌蚊防控方法。

（六）蚤蝇类

蚤蝇类（*Megaselia*）属双翅目蚤蝇科。危害食用菌的蚤蝇种类有：白翅蚤蝇（*M. sp.*）、东亚异蚤蝇（*M.spiracularis* Schmitz）、蘑菇屹蚤蝇（*Puliciphora fangicola* Yang et Wang）和短脉异蚤蝇（*M. curtineura* Brues）等。以短脉异蚤蝇危害最普遍和严重。

1. 形态特征 成虫体长1.5～1.8毫米，体黑色，头部扁球形，复眼大，黑色，单眼3个。触角近短圆柱状，胸部大，腹部扁，头和体干上着生刚毛。膜翅多宽大，仅前缘基部具3条粗大的翅脉，其余较细微；幼虫为蝇蛆状，老熟幼虫体长2～3毫米，乳白色至蜡黄色。蛹无茧，裸蛹，长约2毫米，褐色，两头细，腹面平坦，背面略隆起，胸背具1对黄色角突。卵小，椭圆形，初乳白色，孵化前变亮，表面光滑。

2. 危害症状 蚤蝇主要以幼虫咬食中高温期食用菌菌丝和菇体。高温平菇在发菌期极易遭受幼虫蛀食，菌袋内菌丝往往被蛀食一空，只剩下黑色的培养基，使整个菌袋或菌包报废；若菌袋开袋后遭蚤蝇危害，则往往只长第一潮菇之后即报废；若在出菇期早期危害，则蚤蝇钻蛀菇体，从菇柄基部蛀入，并向菇盖中心转移，造成菇体中空失去其商品性或使子实体萎缩、干枯失水而死亡。在华东一带栽培的平菇，夏、秋季蚤蝇危害严重，常常使几个大棚连遭危害，不得不停产转移。

3. 发生规律 短脉异蚤蝇耐高温，3～11月份是蚤蝇的活跃期。高温平菇、草菇、蘑菇、秀珍菇和鸡腿菇等是蚤蝇的取食对象，尤其是平菇和秀珍菇，但蚤蝇只蛀食新鲜的富含营养的菌丝，长过菇的菌丝或菌索尚未发现有被危害现象。食用菌在有大棚保温设施栽培条件下，春季的 3 月中旬、棚内温度达 15℃以上时，开始出现第一代成虫。成虫不善飞行，但活动迅速，善于跳跃，在初开的袋口上产卵，7～10 天后见到幼虫。幼虫钻蛀菌袋内取食菌丝。第二代成虫在 4～5 月份产卵，到第三代以后出现世代重叠现象。在 15～25℃条件下，35～40 天繁殖 1 代。在 30～35℃条件下，20～25 天繁殖 1 代。幼虫期 7～10 天，老熟后钻出袋口，在培养基表面、袋壁和菇柄上化蛹。蛹期 5～7 天，成虫期 5～8 天，卵期 3～4 天。11 月份以后，蛹在土缝和菌袋中越冬。

4. 防控方法　①栽培房应远离田野，并及时铲除菇房四周杂草，减少蚤蝇的寄居场所。②不要将发病菌袋与出菇菌袋放在同一个栽培场所内，以免成虫进入出菇菌袋产卵危害，虫口密度大的菌袋可考虑及时回锅灭菌后再重新接种，以降低损失。③及时清除废料，对于虫源多的废料要及时运往远处晒干或烧毁处理，防止虫卵繁殖危害。④一旦发现袋口或菇床表面有成虫活动时，应及时喷药防治，如 4.3% 氯氟·甲维盐乳油（0.13～0.22 克/100 米^{2}喷雾）、1 200 ITU/毫克苏云金杆菌（以色列亚种）可湿性粉剂（0.5～1 克/米^{2}喷雾）等低毒农药。物理防控方法参照多菌蚊防治。

（七）家　蝇

家蝇（*Musca domestica* Linnaeus），属双翅目蝇科。

1. 形态特征　成虫体长 5～8 毫米，灰褐色，复眼暗红色，触角灰黑色，颌须棕黑色，足黑色，有灰黄色粉被。卵乳白色，长约 1 毫米，长椭圆形，近香蕉状，背面具 2 条纵脊。蛹卵圆形，长约 6.5 毫米，表面光滑；初期乳白色，以后渐变深至栗褐色，有光泽。

2. 危害症状　在培养料堆积发酵期间，家蝇成虫产卵于堆料中，幼虫群集于料面取食。高温期覆土栽培的草菇、蘑菇等品种，在原基形成期和菇蕾成长期，成虫产卵于菇体上，幼虫取食原基造成原基消失和腐烂；夏季草菇料发酵不彻底，卵未杀死时，在出菇期易引发幼虫暴发危害。在夏季栽培时，培养料拌料或装袋期间，若料内放入含糖物质和麸皮等，会吸引大量的家蝇成虫取食和产卵，家蝇也会钻入菌种瓶内产卵危害。

3. 发生规律　家蝇多生活在粪便、垃圾和有机质丰富的地方，其活动受温度的影响很大，当气温上升至15℃以上，成虫开始活动；25～35℃为最适温度，繁殖很快；45～47℃为致死高温，世代周期仅10～15天。家蝇善飞翔，1小时内可飞6 000～8 000米，但通常主要在栖息地附近觅食，常在以滋生地为中心的100～200米内活动。一般成虫寿命30～60天，在越冬状态下生活可达半年之久。

4. 防控方法　①发酵料应及时翻堆和二次发酵，利用发酵高温杀死虫卵。②高温期拌料，不宜加入糖水等糖分含量高的物质。菌种瓶应彻底清洁，防止棉花受潮。③发菌室宜封闭，控温、遮光，防止家蝇飞入产卵危害。物理防控方法参照多菌蚊防治。

（八）黑腹果蝇

黑腹果蝇（*D. melanogaster* Meigen）属双翅目果蝇科。

1. 形态特征　成虫体型较小，体长2.5～3毫米，雌虫较雄虫体型稍大，黄褐色，复眼较大，且有红色和白色两个变种，腹部末端几节有黑色环纹。雄虫腹部具黑斑，前肢有性梳，而雌虫没有。卵小，约0.5毫米，白色至淡黄色，被茸毛膜和一层卵黄膜。蛹为围蛹，初期外壳较软呈白色，后期外壳变硬，颜色变深呈黄褐色。幼虫蛆形，无头、无足，长约5毫米左右，初期白色，老熟幼虫深黄色。

2. 危害症状　黑腹果蝇主要以幼虫进行危害，取食新鲜木耳或毛木耳等种类的子实体及菌丝等，被蛀食的耳片会出现烂耳、萎缩或干瘪现象，最后会导致其他杂菌的侵染，引起菌包或菌棒腐烂及其他并发症状，对木耳的生产造成极大的影响。栽培的平菇等遇病害腐烂时，偶尔也会并发黑腹果蝇危害。

3. 发生规律 黑腹果蝇是一种原产于热带或亚热带的蝇种。黑腹果蝇生活史短，繁殖率高，每年可繁殖多代，适温范围广，成虫在10～30℃条件下，均可产卵繁殖；30℃以上则会导致成虫不育或死亡。卵的发育受环境温度影响，在25℃条件下仅22个小时左右即可孵化；20℃时，不到10天即可孵化；10℃时，由卵到幼虫则需要约60天。温度太高或太低都会影响发育的速度。受气候、环境等因素的影响，每年发生的时间有一定的差异。成虫趋光性强，喜在烂果子、发酵物上取食和产卵；幼虫孵化后取食菌丝、子实体，老熟幼虫则爬至较干燥的地方或菇包的壁上化蛹。

4. 防控方法 ①栽培场所应远离果园、垃圾堆等场所，尤其是木耳栽培房或露天场所。②耳房或菌种培养室应安装纱窗（60目为宜）、纱门等，防止成虫进入产卵繁殖。③菌种瓶或袋栽木耳一旦发生黑腹果蝇危害，要立即剔除感染瓶或菌袋，消灭黑腹果蝇，以防进一步扩散蔓延。④黑腹果蝇成虫具有趋光性，可利用灯光药物诱杀成虫。

二、鞘翅目害虫

（一）黑光伪步甲

黑光伪布甲（*Ceropria induta* Booth et Cox）属鞘翅目，拟步行虫科，又称鱼儿虫或黑壳子虫。

1. 形态特征 成虫体型小，扁平或近长椭圆形，体长约10毫米、宽4～4.5毫米，刚羽化时近黄白色，成熟时渐蓝褐色或

棕褐色，鞘翅常具青、蓝或紫色金属光泽。卵椭圆形，长近1毫米，乳白色，表面近光滑。幼虫体细长，成熟幼虫长可达12毫米，灰褐或棕褐色，背面黑色。蛹为裸蛹，初期乳白色，老熟后近黄白色。

2. 危害症状　此虫在长江以北地区主要侵害段木栽培的黑木耳，成虫和幼虫都能咬食成长期的木耳，致使被害耳片凹凸不平形成缺刻或孔洞，同时还能危害贮藏期的黑木耳。而在南方地区，黑光伪步甲的成虫和幼虫主要危害贮藏期的灵芝干品。灵芝被取食后，菌盖往往被完全吃成中空，内部充满茸毛状、类头发丝状的黑褐色粪便。

3. 发生规律　在长江一带，黑光伪步甲1年可发生1～2代，成虫9月份开始在树洞、栽培场所的缝隙或干菇内越冬，翌年4～6月份出来继续取食危害和产卵。5～11月份为幼虫活动期，其幼虫活动性大，食量也大，危害也最为严重。成虫擅长爬行，几乎不能飞翔，受惊常假死不动，往往群集，昼伏夜出。雌成虫产卵30～80粒。

4. 防控方法　①保持栽培场所的清洁卫生，及时清除废料和覆土层，铲除栽培房周围的杂草等，减少成虫越冬场所。②段木栽培木耳时，应注意保持木耳基部清洁，检查基部和耳片是否有被害症状，若发现虫害应及时防治。灵芝类在采收时应注意仔细检查，如发现有虫眼的灵芝子实体，应及时挑出处理，将芝体掰开或剖开找出虫体消灭，减少含虫菇体贮藏时危害的机会。③干菇等贮藏期发现黑光伪布甲虫体危害，可进行60℃烘干40分钟或置冰箱冷冻室冷冻10小时以上处理，以灭杀幼虫和成虫。

（二）脊胸露尾甲

脊胸露尾甲（*Carpophilus dim idiatus*）属鞘翅目露尾甲科，又名米露尾虫。

1. 形态特征 成虫体长 2～3.5 毫米，卵圆形至近两侧平行，背面隆起，密被倒伏至半直立金黄至黑色刚毛，躯干淡栗褐色至更深，有光泽。头部宽大，触角 11 节，末端 3 节膨大近锤状。前胸背板宽，小盾片五角形，两鞘翅宽，表面无明显斑纹，端部近平截。卵近肾形，小，长近 1 毫米、宽约 0.2 毫米，初时乳白色，渐淡黄白色，表面光滑或略粗糙；幼虫初孵化时乳白色，近透明，长仅约 0.5 毫米，老熟后体长可达 6 毫米、粗约 1 毫米，淡黄白色，腹部或中段常肥大，表皮具光泽和密布细小尖突。蛹为裸蛹，黄色，长 2～3 毫米、粗约 1 毫米，初化蛹近乳白色，有光泽。胸、腹部明显具粗刺结构，刺上具微毛。

2. 危害症状 脊胸露尾甲分布广泛，食性杂，幼虫蛀食多种仓储粮食、干果和干品食用菌，其中尤以干品的灵芝、香菇、木耳等食用菌危害最严重。低龄幼虫咬食菇体外表，成熟后蛀入菇体内部，被蛀食的菇体往往布满孔洞和内部通道，通道内充满黑褐色至黑色柱状粪便，严重时整个菇体被完全蛀空。

3. 发生规律 此虫在热带、亚热带地区 1 年可发生 5～6 代，主要以成虫于干菇产品内或仓储环境中的隐蔽处越冬。每年 5～10 月份为脊胸露尾甲的活跃期。越冬成虫一般 3 月份开始交尾产卵，每只雌虫产卵约 200 粒。据相关室内饲养观察数据：每代历期 40 天左右，卵期 3～5 天，幼虫期约 20 天，蛹期约 8 天。成虫寿命夏季约 60 天，冬季长达 200 天，世代重叠现象普遍。成虫喜静，行动迟缓，善飞行，喜傍晚或黄昏时飞出隐蔽处寻找食物，田间也能发现其生存，具趋光性、群居性和假死性等特点。

4. 防控方法 对于脊胸露尾甲的防控主要应做好以下 3 个方面：①在蘑菇采收时，采收的产品应及时干燥包装，干燥后期温度控制在 50～60℃，一般持续 5～7 个小时即可将产品携带的虫卵杀死。②干燥的蘑菇产品应及时装入密封容器内，既防潮又可防止成虫进入产卵。③在贮藏过程中发现脊胸露尾甲的

踪迹，应将干品再次烘干，或放入冰箱于 –5℃的环境中，持续
5～7天，即可灭杀各虫态的脊胸露尾甲。

（三）锯谷盗

锯谷盗［*Oryzaephilus surinamensis*（Linnaeus）］属鞘翅目，
锯谷盗科。

1. 形态特征　成虫体扁，近长椭圆形，深棕色或深褐色，
长 2.5～3.5毫米，体表密被黄褐色细毛。卵长约0.6毫米，近椭
圆形。幼虫体扁平，细长，约4毫米，灰白色，触角与头等长，
腹部各节背面中间具褐色斑块。

2. 危害症状　锯谷盗发生范围广，世界各地均有发现。杂
食性强，其成虫和幼虫均可蛀食食用菌干品、粮食和药材等，是
主要的仓储害虫。食用菌被蛀食后常使贮藏的子实体布满孔洞，
严重者直接破碎，失去商品性。锯谷盗危害程度随被危害对象的含
水量增加而加大。在温度30℃、空气相对湿度80%的条件下，其
世代周期缩短，代数增加，虫体密度进一步加大，直接导致危害程
度加重，且成虫、幼虫抗药性强，一般药剂难以达到杀灭效果。

3. 发生规律　锯谷盗常以成虫在仓储场所的缝隙、砖石下
或树缝中越冬，翌年春天再返回仓库内危害，成虫寿命达3年以
上。15～35℃是成虫和幼虫的活跃期，25～30℃时，锯谷盗只
需要20～30天即可完成1代，南方地区1年发生4～5代，北
方地区1年发生2～3代。成虫行动迅速，喜群聚，卵常产于缝
隙处或其他碎屑中，每雌虫产卵量数十粒至上百粒不等。锯谷盗
耐寒力较强。

4. 防控方法　参照露脊胸露尾甲防控方法。

（四）食菌花蚤

食菌花蚤（*Mordellistena sp.*）属鞘翅目，花蚤科。

1. 形态特征　成虫体型小，近似长椭圆形，体长约2毫米，

宽约 1.8 毫米。身体色暗，赤褐色或棕褐色；触角、唇须、颚须及足等均为淡褐色或棕黄色。体表及腹面密被灰白色短毛。幼虫呈圆筒状，或短而粗壮，通常短于 10 毫米，白色，具腹足。

2. 危害症状　食菌花蚤是夏季高温时期侵害食用菌的甲虫。成虫群集于菇体表面，咬食菇体、培养基和菌丝。受害后的子实体常在菌盖造成孔洞和缺刻。球盖菇、灵芝等覆土栽培的食用菌在初夏季节常遭到食菌花蚤危害（彩图 9-6），平菇、秀珍菇等高温菇受害尤其严重，毛木耳菌袋上也常能发现食菌花蚤危害菌丝和耳片。

3. 发生规律　当温度在 20～30℃，栽培场所湿度在 85% 以上，尤其是在光线较暗的菇房或大棚内，成虫常群集，虫口密度大，受惊后成虫迅速逃窜。

4. 防控方法　①注意对栽培环境的控制，如适当降低栽培场所的空气相对湿度、提高光线强度，能有效减少食菌花蚤的发生条件，从而有效降低此类害虫的危害程度。②在发现食菌花蚤时，及时采用药剂防治，以达到驱赶成虫、杀灭幼虫的目的。

（五）黄斑露尾甲

黄斑露尾甲（*Carpophilus hemipterus*）属鞘翅目，露尾甲科。

1. 形态特征　成虫体长 2～4 毫米，赤色至赤褐色，体表密布小刻点或细毛；翅近长方形，尾部末端 2 节露出鞘翅外，因此得名露尾甲；在鞘翅基部和两侧具黄色或略带赤色的斑纹，故名黄斑露尾甲。卵长椭圆形，长约 1 毫米，乳白色，近透明，表面略粗糙。幼虫体长约 3 毫米，初乳白色，成熟后颜色淡黄色至灰黄色，各节背中央灰褐色，腹末背面具有小突起。蛹乳白色，近3 毫米长，具光泽，密布小刺。

2. 危害症状　黄斑露尾甲分布广泛，我国各地均有发生。成虫咬破菌种袋进入袋内取食菌丝并产卵于菌丝体中，幼虫孵化

后进行危害。幼虫蛀食菌丝，并将被蛀食的菌丝和排泄物筑成通道，其粪便进一步造成菌袋污染。

3. 发生规律 黄斑露尾甲在我国分布广泛，常以成虫咬破菌种袋进入袋内危害取食菌丝并产卵于被害菌丝体中。幼虫孵化后取食菌丝，在25℃左右时，幼虫期约60天，蛹期10～15天，成虫期则达70天以上。成虫飞行能力强，每年发生数代，若冬天温度适宜，尤其在南方地区，则仍可继续活动并进行繁殖；温度低时则常以老熟幼虫、蛹或成虫等形态越冬。越冬场所包括田间的树皮下、土壤表层土下及仓库等区域。

4. 防控方法 ①对栽培场所的清洁管理，尤其是菌种培养室的卫生管理，保持培养室干燥、密封，减少人员出入次数，杜绝菌袋等在菌种培养室出菇。②定期对菌种培养室喷药，杀死外来虫源。③出菇期间发现有菌袋被危害时，应及时剔除有害虫菌袋，防止害虫在培养室内繁殖，加重危害程度。

（六）凹黄蕈甲

凹黄蕈甲（*Dacne japonica* Crotch）也写作黄凹蕈甲，又名凹赤蕈甲、细大蕈甲。属鞘翅目，大蕈甲科。

1. 形态特征 成虫近长椭圆形，长约5毫米；鞘翅光滑，具光泽，黑褐色，在前半部的中间具一赤褐色或金黄色横带斜延伸至翅肩，色带呈"凹"字形，鞘翅后半部边缘褐色；3对足为金黄色。幼虫孵化初期体长约1毫米，老熟后体长6～7毫米，乳白色，头部色深为棕褐色。蛹白色，无骨质化外壳，长4～5毫米，淡黄色，眼黑色，口器两端各有一红点，体背各节有1对红棕色毛斑。

2. 危害症状 凹黄蕈甲成虫和幼虫食性杂，能咬食多种食用菌和其他食物。成虫危害段木和袋料栽培的香菇、灵芝和木耳等品种，从段木裂缝或孔洞边缘啃食菌丝体，子实体发生后转移到菌柄和菌盖上取食。以幼虫蛀食香菇和菇木，尤其喜蛀食半湿菇体，从菇盖或菇柄钻入，钻入处往往留下一个直径 1～1.5 毫米的小孔。凹黄蕈甲由于幼虫历期长，进食量大，在子实体内纵横蛀食，形成弯曲不一的孔道，直至将子实体内部吃光，留下一个壳，严重者能将干菇蛀成碎木。凹黄蕈甲危害段木栽培的菇木时，幼虫先钻入菇木表皮，从菇木形成层开始，直至蛀入木质部，将菇木蛀成纵横交错的孔道。

3. 发生规律 成虫有假死性，喜群居。一般 4 月上旬开始活跃，4 月中旬至 5 月下旬产卵繁殖，5 月下旬至 6 月孵化出幼虫，6 月下旬化蛹，7 月下旬羽化为成虫，8 月中旬交尾产卵。南方地区 1 年可发生 2 代，在室内可发生 3～4 代，以老熟幼虫和成虫越冬。

4. 防控方法 ①做好栽培环境的清洁卫生，铲除栽培场所或出菇房周边的杂草，清除生产废料及垃圾等，减少害虫的中间寄生渠道。②对于发现凹黄蕈甲危害的食用菌产品，可将生虫的子实体置于 5℃以下冷库处理 3～5 天，利用低温将害虫杀死。③对于带虫的生产段木或子实体，可将段木或子实体置于密封环境中用磷化铝熏蒸杀死其中隐藏的害虫。

（七）弯胫粉甲

弯胫粉甲（*Promethis valgiges*）属鞘翅目拟步甲科大轴甲属。

1. 形态特征 成虫体长 20～28 毫米，宽约 8 毫米；长卵圆形，黑色，触角及口须等栗色，背部具弱光泽，腹面光泽强。卵近长椭圆形，长约 1 毫米、宽约 0.4 毫米，乳白色，光滑具光泽。成熟幼虫长 40 毫米左右，乳白色，头壳色略深，中、后胸背面各具 1 条波浪状红褐色横膜。蛹长 25 毫米左右、宽约 8 毫米，淡黄褐色，腹背具明显褐色背中线。

2. 危害症状 弯胫粉甲以低龄幼虫在段木的木质部表层蛀食，易造成树皮脱落。成熟后渐沿段木纵向蛀食木质部形成隧

道，其内充满蛀食后的木屑和排泄的虫粪。弯胫粉甲尤其喜欢危害香菇栽培的段木，其危害规律常表现为：第一年接种的段木由于其内菌丝未长满，危害较轻；2～3年后，段木内长满菌丝，危害达到顶峰，虫害最严重。老熟幼虫化蛹前在蛀食的通道内做蛹室，而虫口密度大时，常常出现一室多蛹的现象。成虫羽化时初乳白色，渐变棕黄色，至变为黑褐色才开始活动。沿蛀食通道爬出段木，寻找食用菌子实体取食，取食菌盖和菌柄，造成菌盖缺刻或菌柄断裂。无子实体取食的情况下，则危害菌丝体和长有菌丝的段木。白天主要在暗处活动，具假死现象。越冬期往往群集。

3. 发生规律 弯胫粉甲在黄河以南地区常2年发生1代，不同龄期的幼虫和成虫均可越冬。越冬的老熟幼虫常于翌年的5月份开始在蛀食的蛀道内做蛹室化蛹，5月下旬即羽化，但羽化的成虫并不直接交尾，而是取食危害，往往越冬后翌6月份才开始交尾和产卵，卵期6～10天。幼虫期则很长，长达400天，蛹期一般15天左右，成虫期最长，可达500天。弯胫粉甲产卵多选在段木栽培的接种部位或树皮的裂缝靠近木质部的位置。

4. 防控方法 此类甲虫生命周期往往很长，生活隐秘，主动迁移扩散的范围在周边数百米内，因此一旦其在某个环境繁衍定居成功，其种群数量往往能持续稳定的扩大，到达环境临界值即会暴发，造成食用菌生产的重大损失。

因此防控这一类甲虫，①应做好栽培场所的清洁工作，保持栽培场地的清洁、通风和透光，可降低该虫的发生概率；新段木接种后应单独培养，不应混合或放入旧的栽培场所以防止成虫产卵；对于发生过弯胫粉甲的旧段木应及时清理并焚烧处理。②人工捕杀，在弯胫粉甲成虫活跃的6～8月份，于清晨和傍晚时分结合采收、翻堆或浇水，捕杀成虫；对于幼虫危害严重的段木应及时清除出菇场所进行焚烧处理。③诱杀成虫，利用弯胫粉甲成虫对糖醋有趋性，用糖：醋：酒＝1：0.5：1.5、敌百虫0.3份、水 8～10 份配制成诱杀液，装于盆或罐中，挂于离地面 1 米高处诱杀成虫。④药剂防治，在成虫危害和幼虫孵化高峰期的 6～8 月份，在未出菇时对段木表面喷洒低毒药剂，如 4.3% 氯氟·甲维盐乳油（0.13～0.22 克 /100 米^2 喷雾）、1 200 ITU/ 毫克苏云金杆菌（以色列亚种）可湿性粉剂（0.5～1 克 / 米^2 喷雾）等低毒农药，杀灭成虫。隔 5～7 天喷施 1 次，每次应喷施彻底。⑤杀灭段木内部的幼虫，在幼虫危害的 7～9 月份，排查新排粪的蛀虫孔，先挖去虫粪等排泄物，将药剂塞入或注入孔道内，并用湿黏土或湿黄泥土封严实孔口，1 周后检查效果，如仍有新排泄物排出，应再次用药。也可在孔道内塞入绿豆大小的樟脑丸 2～4 粒（预先切分好小块）防治害虫。

（八）窃蠹

窃蠹（*Lasioderma serricorne*）属鞘翅目窃蠹科。

1. 形态特征 成虫体长 2～6 毫米，体色红色或黑褐色；卵圆形，体表具半竖立毛；头部被前胸背板覆盖；触角约 10 节，端部 3 节明显膨大，上颚宽短，近三角形，上唇明显，但极小；前胸背板前端圆，后缘弧形相连；鞘翅具明显的纵纹；足细长，后足具沟槽，可纳入腿节。卵长椭圆形，长约 0.5 毫米，淡黄色。幼虫触角 2 节，腹部各节背面具小刺带。蛹椭圆形，长约 3 毫米，乳白色，前胸背板后缘具角突，复眼明显。

2. 危害症状 主要危害食用菌干品。常以幼虫和成虫形态蛀食多种食用菌干品和粮食干品，将食用菌干品蛀成孔洞，严重时内部被蛀空，只留下粉末（彩图 10-1）。

3. 发生规律 在灵芝干品中经常能发现成虫和幼虫危害。在温度为 5～35℃时，成虫及幼虫均能取食危害成品。窃蠹是近年来灵芝干品中的主要害虫。

4. 防控方法 参考脊胸露尾甲防控方法。

三、鳞翅目害虫

（一）食丝谷蛾

食丝谷蛾（*Hapsitera barbata* Christoph）属鳞翅目谷蛾科，又名蛀枝虫。

1. 形态特征　成虫体长 5～7 毫米，翅展约 20 毫米。体灰白色；触角丝状，头黑色，密被白色毛状物。卵乳白色至淡黄色，近球形至球形，光滑透明，直径约 0.5 毫米。幼虫初期体长 0.4～0.8 毫米，乳白色或淡黄色。老熟幼虫 20 毫米左右，头部棕黑色，中、后胸浅黄色。胸足 3 对，腹足 5 对。蛹为被蛹，棕黄色，头部黑棕色或深棕色，长约 10 毫米、粗约 2 毫米。

2. 危害症状　食丝谷蛾在北方食用菌栽培地区主要蛀食段木黑木耳、白木耳及香菇段木培养基等，在段木灵芝、蜜环菌棒、代料灵芝和平菇的培养基及菇体上也有危害。对覆土灵芝，食丝谷蛾可蛀食菇体，排泄物堆积于灵芝盖面，整个菇体被蛀食一空；对平菇和培养基，它则是蛀入菌袋取食培养基和菌丝，并将排泄物覆于隧道内壁，形成一条条黑色的蛀食通道。幼虫常聚集出菇口危害，致使原基和菇蕾被蛀空而无法出菇，且随之而来的排泄物污染会进一步引发杂菌污染等。虫口密度大时，每袋有 5～10 条幼虫，对食用菌产量造成巨大损失。

3. 发生规律　食丝谷蛾在华东一带 1 年可发生 2 代。越冬幼虫在 3 月份活动，危害出菇期菌袋，7～8 月份第二代成虫出现，此后 8～10 月份即是第二代幼虫暴发期，危害也最严重。因此，同一个栽培场所连续出菇的菌袋受害最严重。在温度下降至 11℃以下时，幼虫开始化蛹结茧。若气温回升，则幼虫又会开始取食。15～30℃时，谷蛾均有活动。平均温度 25℃、空气相对湿度 80% 条件下，卵期约 7 天，幼虫期约 45 天，蛹期 20

天左右，成虫期约 8 天。雌虫一般产卵 100 粒左右。成虫将卵产在培养基表面和袋口处，初孵的幼虫能迅速爬入菌袋内取食菌丝和培养料，幼虫喜群集，往往同一个菌袋有多条幼虫。

4. 防控方法 ①注意及时清除其越冬期的栽培垃圾，如废弃菇袋，尽量减少或彻底消灭越冬虫源。此外，清除菇场内的废菇木及其他废弃物，消灭越冬幼虫，也是减少虫源的重要手段。②可根据食丝谷蛾的生活习性进行人工捕杀。

（二）夜 蛾

夜蛾属鳞翅目夜蛾科。食用菌夜蛾害虫种类主要有平菇尖须夜蛾（*Bleptina* sp.）和平菇星狄夜蛾（*Diomea cremeta* Butler）这两种，主要危害食用菌中的平菇、真姬菇等。

1. 形态特征 成虫体长约 10 厘米，翅展可达 25 厘米左右，雄夜蛾暗紫褐色，雌夜蛾主要为暗褐色。夜蛾卵近球形，初期青色至近菜绿色，成熟后变黄近黄褐色，表面具隆起的纵脊纹，其间夹杂横纹。夜蛾幼虫成熟时，体长可达 30 毫米，头部色深至黑褐色，具光泽，眼部黑褐色，两侧各表现出 6 个淡黄色斑。幼虫化蛹，体长 10～13 毫米，红褐色，近头部色深至暗红褐色，体表具少量点状刻突，头部顶端侧面密布刻点。

2. 危害症状 平菇尖须夜蛾主要以平菇菌丝体和分化的子实体为食；而另一种平菇星狄夜蛾则杂食性较强，能以多种食用菌为食物。幼虫往往咬食平菇子实体，将菇片咬成缺刻状、孔洞，并在伤口处排泄粪便，往往成为二次感染的病原（彩图 10-2，彩图 10-3）。在栽培的间期，无食用菌子实体危害时，幼虫则咬食菌丝和未分化的原基，导致菌袋无法出菇。幼虫喜欢群集危害，尤其在栽培的灵芝背面，可见群集危害的夜蛾幼虫，咬食子实体，形成凹槽、缺刻，使成长期的灵芝菌盖无法生长，即被夜蛾幼虫取食殆尽，往往只剩下灵芝菌柄。夜蛾这一类害虫常在夏、秋两季暴发，对喜高温的栽培食用菌产量和质量造成巨大损失。

3. 发生规律 长江中下游一带，5～6月份开始发生第一代幼虫，主要危害平菇和灵芝子实体；7～8月份则开始发生第二代幼虫，主要危害栽培的灵芝；9～10月份第三代幼虫发生，则对平菇危害最大。其后，以蛹的形式越冬，翌年温度上升至16℃以上时，蛹期结束，成虫开始出现，成虫产卵于栽培场所堆积的培养料和食用菌菌盖上。如果环境过干或过湿卵不能孵化。幼虫五龄，三龄后进入危害盛期，此时幼虫进食量暴增，危害最为严重，能将子实体菌盖吃成严重缺刻或蛀食成孔洞。幼虫期约13天，蛹期约15天，卵期约5天，成虫期5～10天。幼虫喜高温，在栽培场所环境温度达35℃左右，仍然能正常取食危害。在害虫无子实体危害时就会咬食培养料，老熟幼虫吐丝缀合培养料碎屑及粪便做茧，然后化蛹其中。茧挂于培养料及菌袋周围，幼虫在茧内化蛹。

4. 防控方法 ①菇房使用前进行彻底的消毒杀虫。②注意菇房的清洁。栽培场所内新旧菌袋应分开隔离，杜绝混堆，以免旧菌袋所携带的害虫感染新菌袋；每季收完菇后的废菌包、剔除的菇体等废料要及时处理，栽培场所应及时进行彻底消毒，之后才能再开展下一茬的种植。③菌袋内若已发现幼虫，可采用诱杀的方式。④利用药剂防治。在种植期夜蛾暴发危害时，可以用4.3%氯氟·甲维盐乳油（0.13～0.22克/100米^2）、1 200 ITU/毫克苏云金杆菌（以色列亚种）可湿性粉剂（0.5～1克/米^2）等低毒农药喷洒菇房。⑤栽培期间应常检查出菇的子实体背面有无幼虫危害，虫口密度不大时，进行人工捕捉杀灭。

（三）印度螟蛾

印度螟蛾又叫印度谷蛾（*Plodia interpunctella*），属鳞翅目螟蛾科，主要危害食用菌干品，如干香菇和干木耳。主要有印度谷螟、紫斑谷螟等，也是常见的仓储害虫。

1. 形态特征 印度螟蛾成虫体长5～10毫米，雌虫较雄虫体长，翅展约 15 毫米；头部灰褐色，头顶复眼具黑褐色鳞毛丛；下唇须发达，向前伸出；前翅狭长，略具铜质光泽；后翅灰白色，近半透明。螟蛾卵椭圆形，乳白色，一端稍尖，表面粗糙，具小颗粒状突起。幼虫成熟后体长可达 13 毫米，淡黄白色，腹部背面略淡粉红色，头部黄褐色；前胸及尾端淡黄褐色。蛹长约 6 毫米，细长，近橙黄色。

2. 危害症状　印度螟蛾主要以幼虫蛀食危害。幼虫蛀食多种食用菌子实体和贮藏的食用菌干品，造成食用菌子实体缺刻、孔洞、破碎和褐变，严重影响食用菌的栽培生产和商品性。其幼虫还取食多种仓储干品、糖果等。

3. 发生规律　印度螟蛾每年可发生 6 代左右，最多可达 8 代，其适宜温度为 25～30℃。气温高于 30℃时，完成 1 代约需 40 天，其中幼虫期约 20 天，蛹期约 10 天，卵期约 5 天，成虫期约 10 天。雌虫产卵约 150 粒，主要产于菌盖或菌褶等部位，幼虫孵化即蛀食菌盖，随后蛀入菌褶中取食危害。老熟幼虫在仓库角落结茧化蛹越冬。

4. 防控方法　参照夜蛾的防控方法。

四、弹尾目害虫

跳虫，又称烟灰虫、香灰虫、弹尾虫等。隶属昆虫纲，弹尾目，是小型低等昆虫。种类多、分布广、危害重。常见的种有角跳虫（*Folsomia fimefaria* Linne）、长角跳虫（*Entomobrya sauteri* Borner）、球角跳虫、菇紫跳虫、黑角跳虫和紫跳虫等。

（一）形态特征

跳虫柔软无翅，体极小，体长很少超过 5 毫米，大多数体外具毛。触角多为 4 节。咀嚼式口器，足仅 4 节。腹部最多 6 节，腹部第一节以及第三至第五节上生有腹管、握弹器和弹器。

（二）危害症状

常群居危害蘑菇、平菇、凤尾菇、香菇、草菇、银耳、灵芝、金针菇等的菌丝体和子实体。严重时上千成虫聚集于接种穴周围或聚集于菌盖、菌柄、菌褶上取食，使菌丝受害，生长受抑，菇体形成不规则的凹陷斑，露出白色菌肉，继而变成褐色斑点，有的甚至枯萎死亡（彩图10-4，彩图10-5）。

（三）发生规律

跳虫每年可发生6～7代，多数种类可存活4～5个月，甚至1年。跳虫对温度适应范围广，全年都能活动。跳虫常栖息在枯木、垃圾、堆肥等富有腐败物质及较阴湿的环境中。其行动活泼，善于跳跃，常在培养料或子实体上迅速爬行，并跳跃式前进，跳跃可达数厘米之高。有群集一起危害的习性，一个菌盖上少的有几百只，多的几千只，好像弹落在菌盖上的一堆烟灰，故俗称烟灰虫。一旦受干扰震动后，立即跳离原处，躲进潮湿阴暗角落或地上。体表有一层蜡质，不怕水。积水时可成群结队浮于水面，仍跳跃自如。

（四）防控方法

①跳虫是栽培环境过于潮湿、卫生条件差的指示害虫，所以应以防为主，及时排除栽培场所的积水，改善菇场的卫生条件，减少跳虫源，是预防跳虫侵入菇房的基本方法。②跳虫不耐高温，蘑菇、草菇室内栽培，其培养料应进行二次发酵。③出菇前向菇床和周围喷洒4.3%氯氟·甲维盐乳油（0.13～0.22克/100米^2）、1 200 ITU/毫克苏云金杆菌（以色列亚种）可湿性粉剂（0.5～1克/米^{2}喷雾）等低毒农药预防。④出菇期发生跳虫，可用50%敌敌畏乳油加少量糖蜜，放在盘里进行诱杀。

五、螨　虫

螨类，俗称菌虱，属蛛形纲，蜱螨目。螨类种类繁多，分布广，习性杂，有植食性的、腐食性的、寄生性的、捕食性的。危害食用菌的螨类主要是取食菌丝体和子实体，种类较多，主要有矮蒲螨科的木耳卢西螨（*Luciaphorus aurlculoriac* Gao）、粉螨科的腐食酪螨（*Tyrophagus putresentiae* Schrank）、嗜木螨（*Caloglyphus kunshanensis*），微离螨科的兰氏布伦螨（*Brennandania lambi* Krozal），长头螨科的害长头螨（*Dolichocybe perniciosa*）等。

（一）形态特征

螨类所属的蛛形纲与昆虫纲是近缘，也是节肢动物，所不同的是螨类无翅，无触角，而足有4对，身体也只分颚体和躯体两部分，体小，一般都在0.5毫米左右，大多数种类小于1毫米，前端有口器，食性多样。常见害螨有木耳卢西螨、兰氏布伦螨、腐食酪螨、害长头螨、上海嗜木螨。

（二）危害症状

螨类能危害双孢蘑菇、草菇、香菇、平菇、凤尾菇、银耳、黑木耳等各种食用菌，在食用菌生产的各个阶段均能造成危害。螨类能把菌丝咬断，菌丝则萎缩不长，也能咬啮小菇蕾及成熟子实体，并传播病菌（彩图10-6）。发生严重时，培养料内的菌丝能全被食光，造成绝收。

（三）发生规律

大多数害螨喜温暖、潮湿环境，常潜伏在稻草、米糠、麦麸、棉籽壳中产卵，并随同这些材料进入菇房，一生经历卵、幼

螨、若螨、成螨 4 个阶段。害螨的传播主要有以下途径：昆虫、培养料、菌种瓶和人为活动及工具、衣物携带。害螨体型小，不易被察觉，其发生来势猛、发生快、危害重，常造成严重损失。

（四）防控方法

①菌种生产前，培养室、培养架应彻底消毒。②把好菌种质量关，淘汰有螨害的菌种。经常用放大镜检查菌种瓶口周围，发现螨害的菌种应立即清除，菌袋在高温杀螨后抛弃。③培养料要进行高温堆制与二次发酵。④选用安全高效杀螨剂，如 4.3% 氯氟·甲维盐乳油，用量为 0.13～0.22 克 / 100 米^2，1% 甲氨基阿维菌素苯甲酸盐乳油 1 500～2 500 倍液，1 200 ITU/ 毫克苏云金杆菌（以色列亚种）可湿性粉剂 0.5～1 克 / 米^2 兑水喷雾。⑤诱杀害螨。采用炒熟后的米糠、麦麸、菜籽饼并用纱布包住，放于发生螨虫的菌袋中间，每平方米放 3～5 包。若发生螨害，1～2 天后可以看到纱布周围有螨虫爬动，螨虫量大时，则密密麻麻，然后将纱布浸泡于浓石灰水中杀灭螨虫，连续几次，杀螨效果可达 90% 以上。无菜籽饼、棉籽饼的地方用浸敌敌畏药液的棉球熏蒸，效果也很好，将蘸有 50% 敌敌畏乳油的棉球，在菇床下每隔 70 厘米左右呈"品"字形排列放置，并在菇床培养料面盖上湿纱布，然后将纱布浸泡于浓石灰水中杀灭螨虫，反复几次，效果更好。

六、其他有害动物

（一）老 鼠

老鼠有家鼠和田鼠等，属啮齿目，鼠科。

1. 形态特征 老鼠体长 6～30 厘米，尾通常略长于体长，其上覆以稀疏毛，鳞环可见。体毛柔软，个别种类毛较硬。背部黑灰色、灰色、暗褐色、灰黄色或红褐色，腹部一般为灰色、灰白色或硫磺色。后足相对较长，善游泳的种类趾间有蹼形蹼。

2. 危害症状 菌种生产时，对瓶装菌种主要是咬棉花塞，致使棉塞松动甚至被掏出，导致培养料被污染杂菌。塑料袋装菌种，则咬破塑料袋，可在培养料内打洞破坏培养料。中后期是直接取食子实体，影响子实体的形成，已分化形成的菌柄及菌盖被啃食后有明显的缺刻或凹陷大斑，使产品失去商品价值。老鼠携带多种病菌，被危害后的菌袋破袋后易被杂菌污染而报废。在高温期间被老鼠扒出的培养基上常长出链孢霉，污染整个发菌室。

3. 发生规律 老鼠一般白天躲藏在洞穴内，夜晚外出活动取食，每夜外出取食 2 次，在傍晚时进行 1 次，在黎明前再进行 1 次。老鼠的食性较杂，除危害食用菌外，对农林作物、各种食品及物品都有危害。其行为敏捷，视觉差，嗅觉、听觉、触觉都很灵，活动期间稍受惊扰，立即躲避。生殖力强，幼鼠生活 3～4 个月后就可生殖，食料充足条件下，每月可繁殖 1 次，能在水中游泳。

4. 防控方法 ①保持发菌场所和菇房清洁卫生，菌种房要有能封闭的门窗，防止老鼠进入。②在栽培场地放捕鼠器进行捕捉，往洞内灌水捕杀。③菇房内养猫防止鼠害。

（二）蛞 蝓

蛞蝓又名鼻涕虫、软蛭、无壳蚰蜒、黏黏虫。属软体动物门腹足纲柄眼目蛞蝓科。常见品种有野蛞蝓、双线嗜黏液蛞蝓、黄蛞蝓。

1. 形态特征 野蛞蝓体软无外壳，为暗灰色或黄白色或灰红色，少数有明显的暗带或斑点，分泌透明黏液，伸展时体长 30～40 毫米、宽 4～6 毫米，卵圆形，透明，可见卵核。双线嗜黏液蛞蝓，体裸露，柔软无外壳，外套膜覆盖全身，全身灰白色或淡黄褐色，背中央及两侧各有 1 条由黑色斑点组成的纵带，伸展时体长 35～37 毫米、宽 6～7 毫米，卵圆棱形，透明。黄蛞蝓体裸露，柔软，无保护外壳，深橙色或黄褐色，有零星的浅黄色或白色斑点。足为淡黄色，分泌淡黄色黏液，触角 2 对，体伸展时可达 120 毫米、宽 12 毫米。

2. 危害症状 蛞蝓直接取食蘑菇、平菇、香菇、草菇、凤尾菇、金针菇、银耳、木耳、竹荪等多种食用菌的原基和子实体。将子实体咬成缺刻或锯齿状，严重时使子实体残缺不全，失去商品价值。经蛞蝓爬行过的子实体，常留下一条白色或淡黄色黏质带痕，影响产品质量（彩图 10-7）。

3. 发生规律 蛞蝓白天躲藏在阴暗潮湿的草丛、枯枝、落叶、石块、砖块、瓦砾下面，夜晚外出活动并危害。食性杂，除取食各种食用菌子实体外，还取食蔬菜、花卉和其他作物。蛞蝓 1 年繁殖 1 代。活动最适宜温度为 15～25℃，超过 26℃ 或低于 14℃ 时，其活动能力逐渐下降。

4. 防控方法 ①搞好栽培场所的环境卫生，清除蛞蝓白天赖以躲藏的砖、石块、枯枝落叶和杂草，地面撒一层石灰粉。②利用蛞蝓昼伏夜出、黄昏危害，或晴伏雨出、阴雨天危害的规律，进行人工捕杀。③在蛞蝓经常出入处布撒新鲜石灰或食盐，防治效果良好，3～4 天撒 1 次。

参考文献

［1］金俤. 食用菌病虫图谱及防治［M］. 南京：江苏科技出版社，2011.

［2］黄年来，林志彬，陈国良，等. 中国食药用菌学［M］. 上海：上海科学技术文献出版社，2010.

［3］边银丙. 食用菌病害识别与防控［M］. 中国农民出版社，2016.

［4］胡清秀，宋金俤，管道平. 食用菌病虫害危害分析与防治关键控制点［J］. 中国农学通报，2008，24（12）：401-406.

［5］魏鹏. 食用菌病虫害防治技术（一）［J］. 农村科技，2010（8）：85-86.

［6］魏鹏. 食用菌病虫害防治技术（二）［J］. 农村科技，2010（9）：79-80.

［7］魏鹏. 食用菌病虫害防治技术（三）［J］. 农村科技，2010（10）：53-54.

［8］魏鹏. 食用菌病虫害防治技术（四）［J］. 农村科技，2010（11）：61-62.

［9］魏鹏. 食用菌病虫害防治技术（五）［J］. 农村科技，2010（12）：54-55.

［10］张维瑞，刘盛荣，黄聿善，等. 袋栽食用菌菌丝生长期虫害诊断和防治措施［J］. 中国食用菌，2016，35（1）：70-71，73.